いますぐ問題解決したくなる

13歳からの

データ活用大全

中野 崇
Takashi Nakano

PHP

はじめに

「小・中学校の算数・数学」を学びなおすだけで、仕事の質がワンランクアップ

こんにちは！　ナカノと言います。データを活用しながら、ビジネスを成功させている経営者です。

「なんでリスなんだ？」というツッコミはさておき、これから皆さんには、仕事の質がワンランクアップする「データ活用」について学んでいただきます。

さっそくですが、「データ活用」という言葉を聞いてどんなことを思い浮かべますか？

反射的にページを閉じようとしたあなた、もうちょっとだけお付き合いください。

今や「データ活用」はビジネスパーソンの必須スキル。「業務効率の改善」や「営業・マーケティング力の向上」「新規事業の企画」など、様々なビジネスシーンでデータが活用されています。
また、リモートワークの普及によって阿吽（あうん）の呼吸が通じにくくなり、ファクト・数字を使ったコミュニケーションの必要性、つまりデータ活用の価値が日に日に高まっています。

ひょっとしたら、本書を手に取った読者の中には「データ活用のスキルがなくても何とかなる」と考えている人がいるかもしれません。

しかし、そうも言っていられない現実があります。

あまり知られていませんが、2020年〜2021年頃から順次、小・中学校でデータ活用の授業が行われています。しかも、**教科書（算数や数学）を実際に取り寄せて内容を確認してみると、データ活用に必要な基礎知識だけでなく、ビジネスシーンでも使えるデータ活用のノウハウが多数掲載されているのです。**もちろん、私が中学生だった30年前にはまったく学んでいない内容です。これには驚きました。

きっと、いやほぼ間違いなく、今の小・中学生が社会人になる頃には、デジタルテクノロジーだけでなく、数字やデータを使いこなすことが当たり前になっているでしょう。「数字に強い＝仕事ができる」ではなく、「数字に弱い＝話にならない」と判断される時代。**データ活用はまさに、「できない」では済まされないスキル**なのです。

超文系のデータ人材だからわかる「勘所」

私はこれまでデータビジネスに15年以上携(たずさ)わり、データ活用を軸にしながらクライアントのビジネスの成功を支援してきました。直近は、データドリブンな新規事業開発や組織開発をお手伝いする機会が増えています。

その意味では、「データ活用人材」と言えるでしょう（詳しくは本編で触れますが、データ活用人材は、データ分析を専門的に行うデータサイエンティストやアナリストではありません）。

そう言うと、「もともと数学が得意だったんでしょ？」「統計学の知識が豊富なんだ」「エクセルスキルが高いに違いない」といった声が聞こえてきそうですが、決してそんなことはありません。根っからの文系人間ですし、算数・数学はどちらかというと苦手でした。

だからこそ、**多くのビジネスパーソンがどういった点でつまずきやすいの**

か、苦手意識を持ってしまうのか、が手に取るようにわかります。そしてプロジェクトを円滑に進めたり、チームをマネジメントするにあたり「これだけ知っていれば大丈夫」という最低限の知識レベルも心得ているつもりです。

世の中にあるデータ活用（データ分析）に関するセミナーや関連書の多くは、データを扱う専門家が監修・執筆をしているために難解で、日常的なビジネスの現場では応用しづらいと感じるときがあります。自身が発信している動画講座や書籍の反応から、思ったよりも基本知識のニーズが高いことは実感していたものの、最適な伝え方をなかなか見つけられずにいました。

そこで注目したのが、「**算数や数学の教科書**」です。

人生ではじめてデータ活用を学ぶ教科書が、いちばんわかりやすく・やさしいものになっているに違いない。そして、難易度はそのままに、内容をビジネスパーソンの状況や知識レベルにアレンジすれば、数字やデータに関する苦手意識を感じずに学んでいけるはずだ！と考えたのです。

違う言い方をすれば、「小学校の算数」「中学校の数学」の内容が抜け落ちていると、仕事でデータを活用する際の大きな障害になる、ということでもあります。また、私自身２児の父だから思うことですが、小・中学校の教科書レベルは「親として」ちゃんと理解しておきたい。でないと、子供の勉強をサポートできません。

5日間＋1日でマスターする、父と娘の「データ活用」の授業

以上のことから、本書では**「小学校の算数」「中学校の数学」をベースにして、仕事や生活ですぐに使える「データ活用の基本と実践スキル」をわかりやすく伝えています。**

本書の効用を整理すると以下の通りです。

❶ 小・中学校で習う「データ活用」の内容を理解することで、数字を使って問題解決できる価値を実感し、数字を使って考えるクセが身につく。

❷ 数学＆統計知識ゼロでも、データを活用した問題解決プロセス（問題発見→課題設定→解決策の立案）を日常業務で実践できるようになる。また、実務でわかりやすいクロス集計表やグラフがつくれるようになる。

❸ 情報の目利き力が高まり、情報収集や検索の質も高まる。それにより、物事の理解や判断の質が高まる。

そして何より、**本書を読めば、「データを活用して問題解決をしたい！」と思えるようになります。**
「問題を解決するなんて当たり前でしょ？」と感じる人もいると思いますが、そんなあなたは実は少数派です。事業会社在籍時も、独立してコンサルタントをやっている今も感じますが、**問題解決・課題解決を常に意識して仕事をしている人はとても少ない。**とくに会社員の場合、上司が課題も目標も、何ならタスクも決めてくれるし、やってなかったら尻をたたいてくれる。やり方まで教えてくれる。自分の仕事が、具体的な問題解決につながっていなくても、居場所がなくなることはありません。

ただ、「もっと問題解決につながる仕事をしなさい！」と他人から言われても、“やらされ問題解決”は続きません。
やっぱり、「ちょっと問題解決してみたい！」という気持ちが、自分の中から湧き上がってくることが一番です。

データ活用はあくまで手段。大事なのは、問題を解決しようと思い立つことです。

少し厳しいことを言ってしまいましたが、教科書を学び直すのは億劫だし時間もない人、データに苦手意識を持つ「超文系」の皆さんもご安心を。**使うのは「四則演算（＋－×÷）」くらいです。本書はデータ活用に関する予備知識なしで読み進めていただけます。**

データ活用本にありがちな専門用語も一切ありません。

それでは、「大人向けにカスタマイズされた教科書＝本書」を授業形式で楽しみながら学んでください。

カリキュラム

第一日 小学校で習うデータ活用

第二日 中学校で習うデータ活用

※ 内容や難易度は基本的に教科書内容に合わせていますが、例示や解釈はすべてビジネスシーンに置き換えて解説しています。

第三日 必ず知っておくべきデータ活用の超基本①

第四日 必ず知っておくべきデータ活用の超基本②

※ 小・中学校の教科書では習わないものの、ビジネスシーンで活躍する基本知識やテクニックを解説します。

第五日 きっと役立つデータ分析の基礎知識

※ 分析が日常業務・主たる業務でないビジネスパーソンはあまり使う機会は少ないものの、知っていると一目置かれる教養を解説します。

課外授業 情報の目利き力を養う

※ ビジネスパーソンに限らずあらゆる人が、実はデータ活用よりも前に身につけるべき「情報の目利き力」の高め方を解説します。

高校生未満の子供がいる主婦・主夫の方や、データ活用に苦手意識をもっている小～高校生の皆さんは第一日と第二日（＋課外授業）だけでもＯＫです。

また、非専門職の文系ビジネスパーソンの方は、第一日から順番に読んでもらうと効果を実感しやすいと思います。

実は、マーケティング業界やコンサルティング業界のように、ビジネスで数字やデータを活用するのが当たり前になっている世界からすると、第四日までの内容は、新入社員～３年目までに習得して当たり前と言われるレベルです。

ただし、実効性は抜群。この本でお伝えする基本をマスターすれば、間違いなく問題解決力がワンランクアップ、いや数段アップします。当たり前のことでも、懸命に磨き続ければ、どこでも成果をだせるプロフェッショナルになれます。そのことを私自身のキャリアで検証し、証明してきました。

なので、頑張ってついてきてください！

そうそう、「授業」と言うからには生徒役が必要ですね。

会社から「データ活用の研修」と言われてこんなところに来たけど……。あれ、どうしてマナがいるんだ！

え、待って。なんでパパがいるの。私だって、数学の補習があるからって呼ばれただけなんだけど。

お二人とも、今日からよろしくお願いいたします。生徒さんが揃ったところで、さっそく授業を始めましょうか。

なんでリスが喋っているの!!

登場人物

ナカノ先生

超文系なのに、データ活用を武器にビジネスをドリブンしまくる経営者。2児の父。チョコボールが好き。

お父さん

メーカーの課長職。データが苦手で、部下に対して情緒的なコミュニケーションで押し通しがち。お年頃の娘との接し方にも悩んでいる。

娘（マナ）

数学が大の苦手な中学1年生。先々のことを考えるより、今を楽しみたいと思っている。

13歳からのデータ活用大全 ● 目次

第三日 ビジネスにおけるデータ活用の超基本

1時間目 データ活用の基本的な流れを理解する

2時間目 データ活用企画の具体例

第五日 データ活用を一歩進める知識

1時間目 分散と標準偏差

2時間目 関係性を分析する① 相関分析

3時間目 関係性を分析する② 因果関係

課外授業 メディアリテラシーを高める

デザイン　藤塚尚子（etokumi）
イラスト　くにともゆかり
DTP　yamano-ue
編集協力　林 加愛
編集　大隅 元（PHP研究所）

第一日

小学校レベルのデータ活用

オリエンテーション　なぜ、今「データ活用」なのか？

1時間目　データ活用の第一歩は数値化

2時間目　集計・グラフ化して、データをわかりやすくする

3時間目　グラフ化のポイント

4時間目　代表値を理解する

5時間目　PPDACサイクル

第一日

オリエンテーション

なぜ、今「データ活用」なのか？

この時間の目標 「データ活用」が今、必要な理由を知ろう！

キーワード □DX □ChatGPT □数字とデータ □新学習指導要領

そもそもデータって、なんだろう？

「5日間でデータ活用がわかる」と聞いて、今日は勇んでやってきました。よろしくお願いします！　でも僕、かなりデータ音痴です。数字に拒否反応がありまして。

最初からそういうこと言わないの。……でも、私もそうです。算数も数学も苦手で。お父さんに似ちゃったんだよ。

まあまあ（汗）。二人とも苦手意識があるんですね。でも実際のところ、どうでしょう？　**二人はそもそも、「データ」って何か、知ってますか？**

そう聞かれると……なんだろう。デジタルで解析するたくさんの情報、みたいなイメージかな？　マナ、お前はどうなんだ。

え、わかんない。表とかグラフを使って何かする……みたいな？

うん、二人とも間違いではないです。デジタルも、表やグラフも、データ活用の一側面です。でも、あくまで側面。全体の中の一部です。そこで、ハッキリさせておきましょう。こちらが『広辞

苑』に載っている、データの定義です！

データ（『広辞苑』第七版より）

①立論・計算の基礎となる、既知のあるいは認容された事実・数値。資料。与件

②コンピューターで処理する情報

なるほど！……って、全然わかんない！　とくに①！

うん、こんな難しいこと言われても。

ですよね（笑）。　これはやさしく言い換えると、**「ものごとを理解したり、動かすために使うすべての情報」**ってことです。

とすると、けっこう範囲が広いですね。新聞やネットの記事からも何かがわかるし、実際の出来事からもわかるし。

たとえばグラフだと、「ここが増えてる」とか、「ここが多い」とかがわかる。

そうですね。実は**言葉も数字もグラフも、実際の出来事も、そこから何かがわかるものはすべてデータです。**

へえ……！

②も見てみましょう。こちらは、お父さんが最初にイメージした意味に近いですね。

まさにこれです。パソコンが処理できるような情報、というイメージです。

今の世の中、とくにビジネスの世界では、データと言えば②ですよね。でも実は、**データはより広い①の意味があるんです**。ここ、押さえておいてくださいね。

はい……、って言ったけど先生、①は要するに「すべて」なんでしょ？　なんか広すぎ。逆に、データではないものって、何なんだろ？

いい視点ですね！　一つ条件があって、データは、「記録されたもの」である必要があります。さっきお父さんが言った「記事」は、記録された言葉だから、データです。**でも「思考」や「記憶」、たとえば今マナちゃんが頭の中で考えていることや、過去の思い出はデータではない。**紙やSNSに書き出したりしない限りはね。

じゃあ、会話はどうでしょう？　普通のおしゃべりなら、言ったそばから消えていくから、データではないですよね。でもLINEのログなら、残るから……。

そう、データです。**ツイッターのつぶやき、インスタグラムの写真、紙に書く日記や手紙も、データと言えます。**

文字も数字も、図表も映像も、記録されていればデータになるのかー。ゲームのスコアもデータだし、私が「1年2組出席番号27番」ってこともデータだし、意外と身近なんだ。

そう、特別なことではないんです。これから話すことは、その延

長線上の話です。

その「延長線上」がなあ。小難しくて面倒そう……。

そういうこと言わないの。すいません、ネガティブな父親で。

大丈夫。これからどんどん、そのネガティブな印象を払拭（ふっしょく）していきます！

データとは……

○　記録されたすべての情報

△　記憶・思考・日々の会話

※ただし、LINEのログやインスタグラムの写真は、記録されているのでデータ

過去の経験則が通用しなくなった——見逃せない3つの変化

お父さんには、データ活用は小難しくて面倒そう、というイメージがあるんですね。

いやあ、会社でうるさく「データ活用が大事だ！」と言われると、つい「なんで？」と思っちゃうんです。今まで、なくてもやってこられたのに。

その気持ち、よくわかります。で、**その答えは「今までとは事情**

が違うから」ということになります。その「違う」は、大きく分けて3つあります。

一つ目。**デジタル化やDX（デジタルトランスフォーメーション）が進んで、活用できるデータ量が大幅に増えたこと。**

DXは、仕事の中身を全部、テクノロジーを使って、デジタルで推進できるしくみをつくること。わが社でも絶賛進行中です！

お、いいですね。で、先ほど話したように、データって「記録されたすべての情報」のことです。紙に書くようなアナログ管理だと、記録されたりされなかったりですが、デジタル管理では、基本的にぜんぶ記録される。情報量が爆発的に増えるし、Excelなどで集計・分析もしやすい。だから、データを取り扱うための知識をもってないとね、というわけです。

うーん、そう言われるとそうかも……。

二つ目。時代の変化が加速していて、前にうまく行った方法が通じないことが、たくさん出てきています。いわゆる**「ベテランの経験」が、役に立たなくなっている。**

まさに、その悲哀を感じてます。昔ながらの足で稼ぐ営業なんて、今の若い子には通じないです。逆に、インターネットやデジタル機器に関しては彼らのほうが僕より経験豊富だったりして。

それ「デジタルネイティブ」って言うんでしょう？　それを言ったら私だって、お父さんより経験豊富だよ。

そうですね。でもマナちゃんも、お父さんの職場の若い人たちも、ビジネスの経験はお父さんより少ないでしょう？　**誰もが何かしらの面で、「経験不足」なんです。それを補ってくれるのが、データです。**

データが助けになるんですか？

そうなんです。データとは「記録」なわけですが、じゃ、記録って何か。それは、**「誰かの経験」**ってこと。誰が何を購入したか、１日をどのように過ごしたか、どんなクレームにどんな風に対応したか、……いろんな記録はすべて、誰かの経験や活動の足跡ですよね。それらを集計したり分析したりすると、誰かの経験を参考に「こんな風にすればいいんじゃない？」ってこともわかってきますね。

なるほど。膨大（ぼうだい）なデジタルデータって、誰かの経験を膨大に蓄えたものなんですね。
ってことは、今、話題のChat GPTは、世界中の人々の経験を参考にしている、ってことかぁ。最強ですね。

最強かどうかは、まだわかりません（笑）。**Chat GPTやBard（Google社が提供する生成AIサービス）は、たしかに世界中の人々がつくった情報がもとになっていますが、それらはまだ、私たちの経験や思考のごく一部の記録です。**みんなでちゃんと育てたり、見守る必要があります。

ChatGPTもまだ発展途上ってわけね。

データ＝誰かの経験。経験不足で自信のない人こそ、データを使わない手はない

ChatGPTも万能ではない

少し余談になりますが、話題のテーマなのでちょっとお話ししましょうか。
活用方法次第でとても便利なChat GPTですが、デメリットもあるんですよ。
何だかわかりますか？

んー、何だろう。みんな考えなくなっちゃう……とか？

そうですね。一般的な検索エンジンよりも、質問に対してピンポイントに回答してくれるので、もうぜんぶChat GPTに聞いちゃえ！ってなれば、人がもつ考える力が減退するかもしれません。
他にはどうでしょう？

人間の仕事がどんどん奪われていって、Chat GPTのようなAIが社会を支配するようになるとか……。

SFの世界ですね（笑）。現時点の技術では、お父さんが心配するような状況になることはほぼ無いと思いますよ。**人間の脳の働きや私たちがやっている仕事の大半は、機械で完全に自動化するには、相当に複雑で高度なんです。**もちろん例外はありますが。

でも、漠然とした不安はのこりますね。

お父さん、心配しすぎ～。AIだけじゃなくて、お父さんだって、これからどんどん成長するじゃん。もっと自分に自信もって！

その通りですよ！
ところで、試しに**「データ活用に必要なスキルを教えてください」という質問を、Chat GPTに投げてみたところ、次のような回答が返ってきました。**

> データ活用には、以下のようなスキルが必要とされます。
>
> データ分析スキル: データを収集・整理し、洞察を導き出すための分析スキルが重要です。統計学やデータマイニングの基礎知識、データ処理と可視化の技術、分析ツール（PythonやRなど）の使用方法を習得することが求められます。
>
> データベース管理: データを効率的に管理し、必要な情報にアクセスできるようにするためのデータベース管理スキルが必要です。データの整理やデータベースシステムの設計、データの保護とセキュリティ対策などを理解し、適切なデータベース管理を行うことが重要です。
>
> ビジネスインテリジェンス（BI): ビジネスインテリジェンスツールの使用方法やデータウェアハウスの構築、レポート作成など、ビジネス上の意思決定をサポートするためのスキルが求められます。ビジネス上のパフォーマンス指標の追跡やダッシュボードの作成により、データに基づく意思決定を支援します。

データプライバシーとセキュリティ：データの取り扱いには倫理的な配慮が必要です。データプライバシーの法規制やセキュリティに関するベストプラクティスについて理解し、データの保護とセキュリティを確保するスキルが必要です。

コミュニケーションスキル：データ活用の結果や洞察を他の人々に効果的に伝える能力が求められます。技術的な専門知識をもつ一方で、非専門家に対してもわかりやすく説明するスキルが重要です。

問題解決能力：データから問題を把握し、解決策を見つける能力が求められます。データから洞察を引き出し、ビジネスの課題や機会を特定し、データに基づいた意思決定を行う能力が必要です。

これらのスキルは、データの収集、分析、管理、保護、可視化など、データ活用の各段階において重要です。データを活用することで、意思決定の精度を向上させ、ビジネスの成果を最大化することが可能となります。

うわぁ、めっちゃ難しそう……。

ですよね。この内容があてはまるケースはもちろんありますが、この授業で紹介する内容とはかけ離れています。目的は何か、何にフォーカスするのかによって正解は変わるものですが、あたかも提示された回答が「王道の正解」だと勘違いさせてしまう。これは大きなデメリットです。**知らないことよりも、偏った考えを盲信するほうが問題だったりしますから。**

たしかに……。新しいサービスやテクノロジーって、ついつい過剰反応しちゃうので、良くないですね。反省です。

そーいうものですよね。ま、何でも見極めるという姿勢を心がければ、大丈夫だと思いますよ。さて、余談が長くなってしまったので話を戻します。データ活用が必要になっている理由の三つ目です。

あぁ、そうでした。

実は、**リモートワークの普及**も影響しています。マナちゃん、学校の授業って、オンラインで聞くのと、教室で聞くのと、どっちがわかりやすいですか？

やっぱり、教室かな。オンラインだとイマイチ伝わってこないです。

画面越しだと、ニュアンスや空気が伝わりにくいですよね。とくに、何かを説明したり説得したりする場面で、ネックになります。

熱意や迫力が伝わらないから、「こうすべきだ！」と言っても、なかなかわかってもらえない（泣）

では、**もしそんなとき、「数字上はこうなっています。だから、こうすべきです」と、データを使って言えたら？** 説得力が高まりますよね。

ファッ!! 高まる高まる！

データ活用が必要な3つの背景

①	デジタル化やDXが進むことによって、記憶や日々の活動が、データとして記録されるようになり、活用できるデータ量が大幅に増えた
②	時代の変化が加速し、過去の経験則が通用しなくなったことで、データで経験不足を補い、客観的な議論をする必要性が高まった
③	リモートワークの普及で、空気・雰囲気・ニュアンスなどを活用した情緒的マネジメントが実践しづらくなり、Factや数字活用の必然性が高まった

生成AIがどれだけ進化しても、データ活用スキルは欠かせない

どんなときに・どのデータを・どのように使うか

現代のビジネスパーソンにとってデータ活用は不可欠、ということを話してきました。では改めて、データ「活用」って、何だと思いますか？

え〜？　データを使う……役立てる……？

データを見て、「これがわかったから、じゃあこうしてみよう」と決めるとか？

お父さん、正解。**データを、次にとる行動を決めるための材料にすることです。**そこで重要になるのが、「どのデータを使うか」です。会社や組織には、様々な種類のデータがあります。ざっと見ただけでも、こんな具合。

様々なデータの種類

顧客データ

顧客管理システム・案件管理システム等で管理されている、顧客とのビジネス活動に関するデータ。売上実績、属性情報、商談履歴など

ウェブサイトデータ

企業サイトの閲覧履歴、問い合わせフォームへの入力情報、ECサイトの購買履歴など、Webサイト上の活動履歴データ

オペレーションデータ

業務システムの操業・操作・エラーの履歴データなど、日々の業務遂行の活動履歴データ

スマートデバイスデータ

スマートフォン・タブレットなど、スマートデバイス上の操作履歴やアプリの起動状況などのデータ

従業員データ

労働時間・給与・人事考課結果・健康診断結果・社内アンケート回答など、従業員個人に紐づく人事・労務関連のデータ

アスキングデータ(Asking data)

インターネットリサーチ・インタビュー・アンケートなど、質問項目へ人が回答する形式で得られるデータ

わあ、たくさん……。

マナちゃん、**ざっと見るだけで大丈夫ですよ。**たまたま私はこう分けたけれど、分類の仕方も人によって違いますからね。必要なのは、データには色々ある、と知ること。そして、「どんなときに・どのデータを・どのように使うか」を見極めることです。

僕も含めて会社の人たち、あまり見極めてないかも。

でしょう？　実は、そういう方々はけっこう多いです。「この場面で、そのデータを引っ張ってきても、何もわからないよ？」ということがしばしばある。そんな中で、見極め方や選び方のわかる人が一人いれば……ほかのみんなと、一気に差がつきますよ。

一気に差が？　いい響きです！

データは「武器」になる。
が、使う武器を間違うと失敗するので注意

小学生から「データ活用」を学ぶ時代に

データへの抵抗感、だいぶ薄れましたか？

はい。ただ、データっていうとやはり、「数字」のイメージがあって……。

そうそう。なんでデータっていうと、「数字」なんだろうって？

それも重要ポイントです。**どんな種類のデータであれ、活用するときには必ず「集計」が必要になるからです。データを集計して数字にすること＝数値化が、データ活用の第一歩なんですよ。**

集計ってたとえば、「売り上げが合計いくらになった」とか「この商品を買った人のうち、40代は何パーセント」とか、そういうことですよね。

そうそう。マナちゃん、今お父さんが言ったこと、どうやって計算するかわかる？

えーと……売り上げだったら足し算。パーセントだったら割り算。

その通り。小学校の算数がわかればできますね。**よほど専門的なことでなければ、中学校の数学までの知識で、たいていのデータ活用はできるんですよ。**

先生、私、集計してグラフ化するやり方、学校で習いました！

そうなんですよね。**小学校では令和２年度、中学校では令和３年度から、データ活用教育が始まりました。**小学校で習うのは、データの分類整理・集計・グラフ化・代表値の意味や求め方・度数分布表・ヒストグラムのつくり方……。

えっ、何それ。マナ、代表値とかなんとか、わかるの？　父さんの時代とは大違いだ。

このデータから何がわかるか、みたいな課題も出るんだよね？

出ます。「データを分析して、みんなで解決策を話し合ってみましょう」、とか。

すごいな。昔はテストで正解を出せればよかったけれど、今の子は授業の中で、データをもとに考えたり議論したりするんだな。

用意された正解ではなく、**自分たちで答えを出す**ということですね。お父さん、それって、ビジネスの世界でも重要なことだと思いませんか？

本当にそうですね。いいな、僕も習っておきたかった。

そうなの？　そこまで大事なことだと思ってなかった。先生、私ももう一度、ちゃんと勉強したい。

お任せください（笑）。**この授業では、小中学校で習うデータ活用法のうち、ビジネス実務でも使えるものや、社会人の教養として知っておきたいことをとりあげていきます。**

周囲と差がつく知識、ぜひ知りたいです。

もー、そればっかり（笑）。私は、将来役立つことだから、習いたいです。

二人とも、モチベーションは万全ですね。では、第一日の1時間目から、スタートです！

小学校から中学校で習うデータ活用に関連する内容は、ビジネス実務でも十分使える！

1時間目 データ活用の第一歩は数値化

この時間の目標
「数字」を使って対話をしよう！

キーワード □問題解決 □説明力 □巻き込み力

数値化はデータ活用の第一歩

では授業に入ります。さっそく、二人に質問。データ活用の第一歩って、何でしたっけ？

……数値化？

はい正解。集計して、数字をつくることでしたね。**どんなデータも、集計する前のものはわかりづらいけれど、集計して数字にすれば、わかりやすく、客観的に把握できます。**それを踏まえて、このチャートを見てみましょう。

基本的なデータ活用の流れ

問題発生 → データ収集 → 集計（数値化） → 分析・解釈 → アクション

「集計（数値化）」の前に、何かある。「問題発生」と、「データ収集」？

そうです。そもそもなぜデータを使うかっていうと、解決したい問題があるからです。

そうか……そんなにしょっちゅう問題って起こるんだ。

そうだよ。このままだと売り上げ目標に届かないとか、部署の残業時間がどうしても減らないとか。仕事は問題解決の連続なのさ。

ですよね。**そこでデータを集め、数値化し、分析・解釈し、解決策につなげる。データ活用とは、この一連の行動を指します。**

先生、今まで僕、「分析・解釈」のところだけがデータ活用だと思ってました。

無理もありません。データ活用に関して書かれた本は、分析や解釈をクローズアップしているものが多いので、集計と数値化の大切さが見過ごされがちです。でも、**数値化するだけでもわかることはたくさんあるんですよ。**

そうなんだ……！

それに、数値化が適切になされないと、有効な分析や解釈もできません。

土台がちゃんとしてないといけないんだ。

その通り。そこで１時間目は、「数値化、こんなに大事！」ということを話しましょう。

データはそのままでは活用しにくい。でも、集計して数値化すれば、活用しやすくなる

数値化の効能

数値化する（数字で表す）と、どのような「良いこと」があるでしょうか。その効用は、５つあります。

数値化の効能
①見え方がより明確になる
②新しい見え方を手にする
③説明力が高まる
④客観的な議論を促進する
⑤問題解決のアクションが生まれる

① 見え方がより明確になる

たとえば、「今月、お金使い過ぎたかも」と、漠然と思ったとします。そこで、レシートを出して集計してみると、「先月の出費は10万円だったけれど、今月は20万円。２倍だ！」という風に、漠然と捉えていたものが数字になることによって見え方が明確になります。

② 新しい見え方を手にする

同じ例で、今月の出費が「11万円」だったとします。そうした場合、「意外と大丈夫だった」という安堵と同時に、「ああそうか、スーツを新調したから使い過ぎたような気がしただけだ」といった発見ができるはず。正確な数字は思い込みを取り除き、新しい見方を提供してくれます。

③ 説明力が高まる

「こっちのほうが大きい」ではなく、「こちらの面積は二倍」のほうが、断然、説得力が高くなります。

④ 客観的な議論を促進する

数字は、みんなで同一の認識をもてる指標。ですから、客観的な話し合いの助けになります。

⑤ 問題解決のアクションが生まれる

正確な判断を導き、問題解決に向けた行動へと、スムーズに移れます。

5つの効能に共通するのは「問題解決に結びつきやすい」ということです。

思い込みや間違った判断、無駄な作業や、二度手間を防げる。つまり、ビジネスにおける「生産性」を高めてくれるのです。

数値化は、とりわけ「チーム」の生産性に好影響を及ぼします。

数字を用いて話すと、話し手の説明力が高くなる——ということは、「聞き手の納得感が上がる」ということ。その結果、人の協力を得やすくなります。「巻き込み力」がつく、とも言えるでしょう。

つまるところ**数値化とは、「チームで最短距離を走るためのサポートをしてくれる手法」**なのです。

「巻き込み力」かあ。いい言葉だ！

説明力が上がるって、カッコいい！

数値化は、問題解決を助け、チームの生産性を高めてくれる「心強い味方」

例題１ 数値化の効能を、ビジネスシーンで体感！

ビジネスシーンで、数値化がどのような効果を発揮するか、例を示しましょう。

本部長に、A部門の人から次のような陳情が入ったとします。

「A部門は最近、現場が忙しく、業務負荷がかなり重くなっている気がします。
結果的に、部門のモチベーションも大きく下がっていると感じます」

──「これじゃ、よくわからん」が正直なところですね。どのくらい負荷が重いのか、どのくらいモチベーションが下がっているのか、まったく見えないからです。

「重くなっている気がします」「感じます」といった主観的表現も、「それはあなたの感想でしょ？」と突っ込みたくなりますね。

対して、数値化を用いた報告はこちらです。

「この半年、A部門の月間平均残業時間が65時間を超えており、全社平均の45時間を20時間ほど上回っています。先月実施した従業員満足度調査でも、『業務量に対する満足度』が前回よりも▲3ポイントで、全部門の中でもっとも低い水準です」

「たしかにA部門、大変だ」とクリアにわかりますね。「**①見え方が明確になる**」効能です。報告をした人の「**③説明力が上がる**」ということでもありますね。

また、この内容を見聞きしたB部門の人が、「平均残業時間が月65時間!? 私たちは55時間です。うちも忙しくて何とかしてほしいけれど、まずはA部門優先ですね」という風に、「**②新しい見え方を手にする**」こともできます。

逆に、C部門の人が「いやいや、うちは75時間ですよ。こっちを先に助けて」と訴えることもできます。このように各部門が、労働時間について「**④客観的な議論**」ができるのです。そして「A部門への対応はこう、C部門へはこう、B部門はひとまず保留」という風に、「**⑤問題解決のアクションが生まれる**」のです。

「最近は現場が忙しく、業務負荷がかなり重くなっていそうです。結果的に、部門のモチベーションも大きく下がっていると感じます」

「この半年、A部門の月間平均残業時間が**65時間**を超えており、全社平均の**45時間**を**20時間**ほど上回っています。先月実施した従業員満足度調査でも、『業務量に対する満足度』が前回よりも**▲3pt**で、全部門の中で**もっとも低い**水準です」

この会社、超ブラックなんですけど！

もっと調査すると、色々なことが見えてくるかもな……。

「なんとなく□□な気がします」
「○○な感じ」という言い回しをしない

例題2 数値化の効能を、中学校のホームルームで体感！

次は、中学校でよくあるシーンをもとにした例です。

文化祭の準備で、一人の生徒だけに仕事が集中している状況があったとします。

そこでホームルームの時間に、学級委員がこのように声を掛けたとしたら、クラスの反応はどうでしょうか？

「Aさんがとっても大変そうだから、みんなで作業を分担して助けてあげよう！」

これで「そうだね、助けよう！」となればいいですが、そうはいかないでしょう。「私、塾で忙しいし」「俺、文化祭興味ないし」と思う子もいるでしょう。つまりこれは、一部の「親切な子」にしか響かないメッセージです。では、数値化するとどうなるでしょうか？

「先週から今日まで、Aさんは合計20時間以上も準備に時間を割いています。そこまで時間を割いている人はいないはず。本番まであと1週間。それまでにあと約30時間分の作業が残っています。1日1時間程度の協力が可能な人、6～7人ほどいませんか？」

最初の呼びかけとは段違いの説得力ですね。数字部分をピックアップしてみると……

・過去１週間で、Ａさんは20時間を費やしている

・本番まであと１週間

・作業量はあと約30時間分

と、前半で現状を示しています。一人に負担が集中していることに加え、「これでは間に合わない」という問題提起がなされています。

続いて素晴らしいのは、解決策まで示していること。ここで使っているのは、単純な算数です。

・向こう１週間（土日を除いて５日）で、30時間ぶんの作業を進めなくてはいけない

・30÷５＝６なので、１日６時間分、進めればOK

・６～７人が、１日１時間ずつ協力してくれたら、間に合う！

というわけです。これなら、「私、できるよ」「１時間なら、塾とかぶらないし」と、手を挙げてくれる子がきっといるでしょう。

「（文化祭の準備で、）Aさんがとても大変そうだから、みんなで作業を分担して助けてあげよう！」

「（文化祭の準備で、）先週から今日まで、Aさんは合計20時間以上も準備に時間を割いています。そこまで時間を割いている人はいないはず。本番まであと1週間。それまでにあと約30時間分の作業が残っています。1日1時間程度の協力が可能な人、6〜7人ほどいませんか？」

親切な子だけが働かされるって、「学校あるある」だわ〜。

感情で押すんじゃなく、数字で見せたほうが効果あるな！

お願い事、交渉事こそ「数値化」が使える

1時間目のふりかえり

数値化の効用、わかっていただけましたか？

現状がクリアになるのがいいですね。あと、公平感が増しますね。

そう、マナちゃんも言っていたけど、仕事は一部の「親切な人」「責任感がある人」に負担が集中しやすいものです。だから、ちゃんと数字で可視化しないとね。

文化祭の話、リアルでした。こういう話し合いってよく「誰それが悪い」みたいな非難大会になって収拾がつかなくなるけど、数値化すると前向きに話せますね。

現状がクリアになるぶん、解決策が見えやすくなるんです。建設的な話合いにつながる意味でも、数値化はコミュニケーションの促進につながります。

「巻き込み力」ですよね。これも新鮮。むしろ無機質なイメージがあったので。

自戒も込めてですが、データを専門的に扱う人々は、客観的であることを重視するので、冷たい印象を与えがちなんですよね。でも、客観的でありながら、情緒的に、活発にコミュニケーションをとることは、多くの人を巻き込むために欠かせません。

うちの会社に来てるITコンサルタントもそうかも。「正しいんだろうけど、従いたくない」って気持ちになるんです。

逆に、お父さんは情緒的なコミュニケーションをとるタイプですよね。

恥ずかしながら……。で、「根拠は？」って聞かれると詰まっちゃう。

情緒的な人を巻き込めても、ロジカルな人を巻き込めない。これはこれでもったいない。どちらのタイプも巻き込める人って、実はとても少ないんです。だからこそ、ここでお父さんがデータ活用力を身につけたら……？

それ最強じゃん！

データ活用人材として、活躍できる気がしてきました！

第一日

2 時間目 集計・グラフ化して、データをわかりやすくする

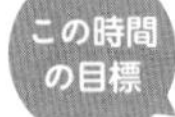

集計とグラフ化に慣れよう！

キーワード　□ローデータ　□度数分布表　□ヒストグラム　□クロス集計表

すべてのデータは「ローデータ」から始まる

2時間目は、数値化＝集計の方法を詳しく見ていきましょう。まず、1時間目でチラリと言ったこと、覚えてますか？　データは何であれ、集計前のものは「わかりづらい」と言いましたね(p.33)。

それ、気になってました。わかりづらいって、どういうことですか？

たとえば、**このデータ。ここから、何がわかるでしょうか？**

151	154	158	162	154	152	151	167
160	161	155	159	160	160	155	153
163	160	165	146	156	153	165	156
158	155	154	160	156	163	148	151
154	160	169	151	160	159	158	157
154	164	146	151	162	158	166	156
156	150	161	166	162	155	156	159
157	157	156	157	162	161	149	156
162	168	162	159	169	162	159	156
150	153	164	156	162	154	143	161

え～。100いくつの数字が、ただ並んでる……。

それが80個。それ以外、わからないなあ。

そうですよね。実はこれ、身長のデータです。80人の身長を測って並べたもの。つまり何も処理を加えられていない、観測されたままのデータです。こういうデータのことを、**ローデータ（raw data）**といいます。

「生」のままだとわかりにくいわけだ。そこで……。

そう、集計です。80個の数字は、全体としてどういう傾向をもっているんだろうか、ということが、集計によってわかりやすく見えてくるんです。

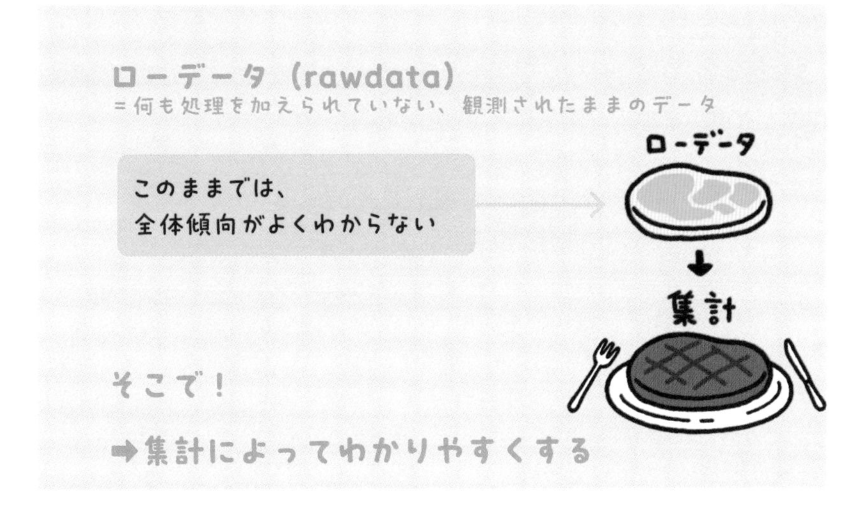

ローデータはそのままではわかりづらい。
そこで集計の出番！

ローデータを集計する ――度数分布表のつくり方

集計の第一歩は、ローデータから「度数分布表」をつくることです。

ステップ①

まずローデータの中から、最小の数字と、最大の数字を探し出します。

44ページのケースでは、最小値が143、最大値が169でした。ここから、「26の範囲をもつデータなんだな」ということがわかりますね。

ステップ②

全体の範囲がわかったら、それを小さな範囲で区切ります。この小範囲を「階級」と言います。

度数分布表（集計表）

身長データ（n = 80）

②階級	③階級値	④度数（人数）	相対度数（構成比）	累積相対度数（%）
140 ～ 145 未満	142.5	1	1.25%	1.25%
145 ～ 150 未満	147.5	4	5.00%	6.25%
150 ～ 155 未満	152.5	17	21.25%	27.50%
155 ～ 160 未満	157.5	27	33.75%	61.25%
160 ～ 165 未満	162.5	23	28.75%	90.00%
165 ～ 170 未満	167.5	8	10.00%	100.00%

①　⑤

つくり方

① ローデータの最小値・最大値を確認

② データを5～10程度の小範囲に区切る（階級）

③ 各階級の代表値（階級値）を決める

④ 各階級に入るデータ数を確認する　（度数）

⑤ 相対度数(%)／累積相対度数(%)を求める

この表では、５センチ刻みで６つの階級がつくられています。

刻みは、**最小値と最大値の幅に基づいて決めます。細かすぎても、粗すぎても、どちらも全体傾向がわかりにくくなってしまいます。**データの範囲がおよそ25なので、５センチ刻みにすると階級が６つ。妥当なところでしょう。

ステップ③

次いで、**各階級の「代表値（階級値）」を決めます。この表では、５センチ刻みの真ん中の数字が階級値です。**

ステップ④

その次は、**各階級に該当する数を確認します。この数字が「度数」**です。この表の場合、単位は「人数」。80人の身長データなので、度数を足し上げれば当然、合計80となります。

ステップ⑤

最後に、**相対度数と、累積相対度数**を求めます。

相対度数とは、80人という全体に対して、各階級の人数がどれくらいの割合を占めるか（＝構成比）ということ。単位はご存じの通り、「％」です。

累積相対度数とは、各階級の相対度数を足し上げていった数字です。従って、合計すると「100％」となります。

Q さて、ここで問題。**この度数分布表から、新たにどんなことがわかるでしょうか？**

えーと……155〜160未満が一番多い。140〜145が１人。

170センチ以上って、全然いないのかな？

170センチ以上が一人もいない、ということは……。
「これは、成人の身長データではないのかも？」という想像ができませんか？

そう、これは中学１年生の身長データだったのです。
ローデータを度数分布表にしたことで、見えなかったことが見えてくる。
これが、集計の価値・役割です。

ローデータを集計表にすると、一気に解釈しやすくなる

度数分布表をグラフ化する——ヒストグラム

集計表をグラフにすると、さらにわかりやすくなります。
次の図は、**度数分布表の階級値と度数の列をグラフ化したもので、「ヒストグラム」といいます。**

度数分布表（集計表）

身長データ（n = 80）

階級	階級値	度数（人数）	相対度数（構成比）	累積相対度数（%）
140 ～ 145 未満	142.5	1	1.25%	1.25%
145 ～ 150 未満	147.5	4	5.00%	6.25%
150 ～ 155 未満	152.5	17	21.25%	27.50%
155 ～ 160 未満	157.5	27	33.75%	61.25%
160 ～ 165 未満	162.5	23	28.75%	90.00%
165 ～ 170 未満	167.5	8	10.00%	100.00%

▼グラフ化

ヒストグラム

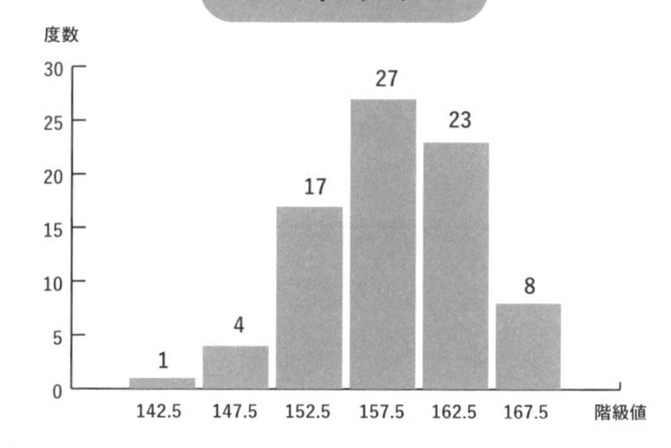

やや後方に膨（ふく）らんだ、山なりの分布。集団の特徴が、さらにイメージしやすくなりましたね。**度数分布表やヒストグラムは、データの分布を確認するときに使います。たとえば、学校なら「算数のテスト結果」や、ビジネスなら「商品Aの購買者の年齢層」などを見るさいに活用できます。**

この度数分布表とヒストグラムは、同じ情報を表しています。しかしそれぞれ、違った「強み」があります。

表の強みは「情報量」です。グラフのほうには記されていない相対度数や累積相対度数も、一覧できるようになっていますね。

対して、**グラフの強みは「わかりやすさ」**です。表を「読む」のに比べると、グラフは一目「見る」だけで直感的に情報が伝わってきます。

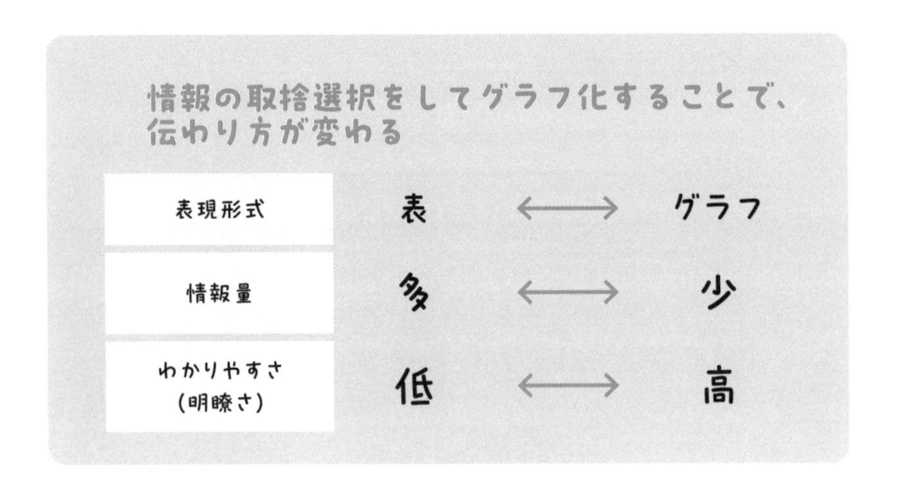

大事なのは、両者の使い分けです。全部「表だけ」だと、データを読むことに慣れた人でない限り、理解に時間がかかるでしょう。逆に、「グラフだけ」だと、要点は伝わりやすいですが、詳細が伝わらなくなってしまいます。

ちなみに、**「グラフなのにわかりにくい」なら、そのグラフは役割が果たせていません。**ときどき、「なんとなく格好がつくから」、という理由でプレゼン資料に「謎グラフ」を満載させる人がいますが、見習わないようにしましょう。

パッと見ただけで理解できるのが、グラフの特徴なのね。

父さんは「謎グラフ」、しょっちゅう見せられてるぞ〜！

集計表はグラフにすると、より解釈しやすくなる。ただし使い分けに注意

単純集計とクロス集計

ここまで見てきた身長データの度数分布表は、「身長の高さ」という一つの分析軸でのみ集計された結果、つまり「単純集計」でした。対して、**複数の分析軸で集計することを「クロス集計」といいます。**

名前だけ聞くと、めっちゃ難しそう……。

いえ、簡単ですよ。次の二つの表を見比べてみましょう。下が単純集計表、52ページがクロス集計表です。

単純集計表

【質問】飲むと肩こりが和らぐ特徴をもった、新しいサプリメントについて、どの程度興味がありますか?(単一回答)	n (回答者数)	% (構成比)
興味がある	107	10.7
やや興味がある	379	37.9
あまり興味がない	354	35.4
興味がない	160	16.0
合計	1,000	100.0

クロス集計表

		【質問】飲むと肩こりが和らぐ特徴をもった、新しいサプリメントについて、どの程度興味がありますか?(単一回答)				
		全体	興味がある	やや興味がある	あまり興味がない	興味がない
全体		1,000	107	379	354	160
		100.0%	10.7%	37.9%	35.4%	16.0%
割付	サプリメント現利用者	200	55	132	13	1
		100.00%	27.4%	65.8%	6.3%	0.5%
	サプリメント非利用者	500	39	156	175	130
		100.00%	7.8%	31.2%	35.0%	26.0%
	サプリメント利用中止者	300	13	92	166	29
		100.00%	4.4%	30.6%	55.4%	9.6%

全体よりも10ポイント以上高いスコア
全体よりも10ポイント以上低いスコア

どちらも「飲むと肩こりが和らぐ、新しいサプリメント」について調査した結果ですが、集計方法が違います。

前ページの表では「どの程度興味がありますか？」と1000人にアンケートを取り、「興味がある」→「興味がない」まで、４つの選択肢ごとの回答者数が示されています。すなわち「興味の有無」という軸だけで集計された単純集計表です。

対して上の表にはもう一つ、「サプリメントの利用状況」という軸が加わっています。「現在、サプリメントを使っている人（現利用者）」「使ったことのない人（非利用者）」「使っていたけれどやめた人（利用中止者）」ごとに、興味の有無を集計しているのです。これがクロス集計表です。

単純集計は原則的に、「全体感」を把握するのに使います。51ページの表を見ると、「1000人中、『やや興味がある』人が一番多いんだな」とか、「『あまり興味がない人』も同じくらいいるから、だいたい半々？」といった印象をつかむことができるでしょう。

しかしそれだけでは、やや表面的な感じもしますね。

そこで、**さらに理解を深めるためにクロス集計表を使います。**

左ページの表では、サプリメントを使っている人のうち、「興味がある」と「やや興味がある」は合わせて93.2％と、ほぼすべての人が興味を示していることがわかります。

逆に、使ったことのない人は「あまり興味がない」「興味がない」を合わせて61%。さらにやめた人を見ると、「あまり興味がない」「興味がない」合わせて65％です。サプリメントの利用状況によって、興味の有無に大きくコントラストが出ていることがわかりますね。

このように、クロス集計は「詳細」をつかむのに役立つのです。

クロス集計、難しそうに聞こえたけど、職場で普通に使ってたよ。

軸が増えると、わかることが増えるよね。

「単純集計」で全体感を把握し、
「クロス集計」で詳細理解を深める

例題

小学4年生でつくるクロス集計表

ところで、小学校では「クロス集計」をどのように教えているのでしょうか。

次の表は、小学４年生の算数の教科書に出てくるクロス集計の例を引用したものです。

一つ目は、校内でのケガを少なくするためにつくられた表。児童の「ケガの種類」と「ケガをした場所」の２軸で集計されています。

けがの種類 × けがをした場所
（目的：けがを少なくしたい）

（単位：人）

	校庭	体育館	教室	廊下	合計
すり傷	6	4	0	0	10
打ぼく	2	3	1	1	7
切り傷	2	0	1	0	3
ねんざ	1	1	0	0	2
合計	11	8	2	1	22

令和４年発行版『新しい算数４ 上』（東京書籍）の29ページより引用

僕も昔はすり傷だらけだったなあ……。

ケガの件数は合計22件です。うち、けがの種類を見るとすり傷が一番多く、次が打ぼくだとわかります。けがをした場所を見ると、校庭でのケガが一番多く、その次が体育館となっています。組み合わせると、**「校庭ですり傷をつくる人が一番多い」**ことがわかります。そこから、「校庭でのすり傷を減

らすには？」といった取り組みにつなげることができそうです。

思考のプロセス

①「すり傷が一番多いな」+②「校庭でのけがが一番多いな」
＝③校庭ですり傷をつくる人が一番多い」→「校庭でのすり傷を減らすには？」

もう一つ、例を挙げましょう。小学校の図書館の利用状況を示すクロス集計表です。

時系列（先週・今週）×実績
（目的：図書室の本の利用をふやしたい）

（単位：人）

		今週		合計
		借りた	借りない	
先週	借りた	8	3	11
	借りない	4	15	19
合計		12	18	30

令和4年発行版『新しい算数4 上』（東京書籍）の31ページより引用

目的は、「図書室の利用をもっと増やすこと」。そこで、30人の児童を対象に、先週と今週それぞれで、本を借りたか、借りなかったかを調べました。

- **先週も今週も借りた子が８名、先週借りたけれど今週借りていない子が３名。**
- **先週借りていないけれど今週借りた子が４名。先週も今週も借りていない子が15名。**

Q さて、ここからどのようなアイデアが出てくるでしょうか？

「全然借りていない15名に働きかけよう」といった意見がまず、出てきそうですね。

別の方法もあります。**先週か今週、どちらかしか借りていない子が3＋4＝7名いますから、「この子たちが毎週借りたくなるような仕掛けをしよう」というのも良い案です。**読書に全然興味のなさそうな15名か、ある程度読書習慣のある7名か。先生や図書委員さんたちで話し合って、しかるべく判断してほしいですね。

思考のプロセス

①「今週も先週も借りていない人が15人もいる」、②「今週か先週、どちらかしか借りていない人が計7名いる」
→①②に対してアプローチすればいい

私が図書委員だったら……本屋さんみたいに紹介ポップをつくるかな！

わかりやすい事例を使って、
クロス集計表になれよう

2時間目のふりかえり

お父さんはヒストグラムとかクロス集計とか、会社でしょっちゅう見ているわりに、こんなに実用的で使えるツールだとは思わなかったよ。会議で配られる資料の表やグラフの見方が変わりそうです。これを小学生が学んでるって事実に改めて驚愕です！

「度数分布表」や「クロス集計」と言われると難しそうに感じるけど、蓋をあけてみたら、実はおなじみだった、わけですね。集計表にして物事や事象を客観的に把握することによって、問題を発見しやすくなったり、どのように解決すればいいかが考えやすくなるみたいなことは、実感いただけたんじゃないかと思います。

私も驚いたな。大人になってからも、こんな風に使えるんだってことを、習ったときはイメージできてなかった。

ね、もったいないよね。「社会に出たらこう役立つ」ってことを、会社で働いている人から教わる機会も増えているみたいだから、先生に提案するのもよいかもね。

あと先生、「ここから何がわかる？」ってちょくちょく聞くじゃないですか。中学生の身長データのときとか。あれ、けっこうドキドキします（笑）。

ドキドキさせてごめんなさい。でもね、あんな風に「何がわかる？」って聞くのは、表やグラフの要点を読み取る力はとても大事だからなんですよ。

才能が要りそう……。

いやいや。読み取り力は、「慣れ」によってぐんぐん上がります。次の時間は、様々なグラフに触れて、大いに慣れてもらいましょう！

3時間目 グラフ化のポイント

この時間の目標
伝わる、わかりやすいグラフをつくろう!

キーワード □視覚化 □メッセージ □ドットプロット □不適切な縦軸 □不適切な選択肢

グラフ化のステップ①——メッセージを決める(絞る)

3時間目のテーマはグラフ化、別名「ビジュアライゼーション(視覚化)」です。グラフ化には、**①伝えたいメッセージを決める(絞る)②そのメッセージが最も伝わるグラフを選ぶ③グラフを整える**、という3つのステップがあります。

☑グラフ化の手順

① 伝えたいメッセージを決める(絞る)

② メッセージが最も伝わるグラフを選ぶ

③ グラフを整える

まずは、①を体感してもらうワークから始めます。これはサクッと終わらせましょう。次の折れ線グラフは、「A社」が、自社やほかの会社の企業イメージをアンケートした結果です。

このグラフから、何がわかりますか？

企業のブランドイメージの調査結果（グラフ）※A社が実施。調査概要は省略

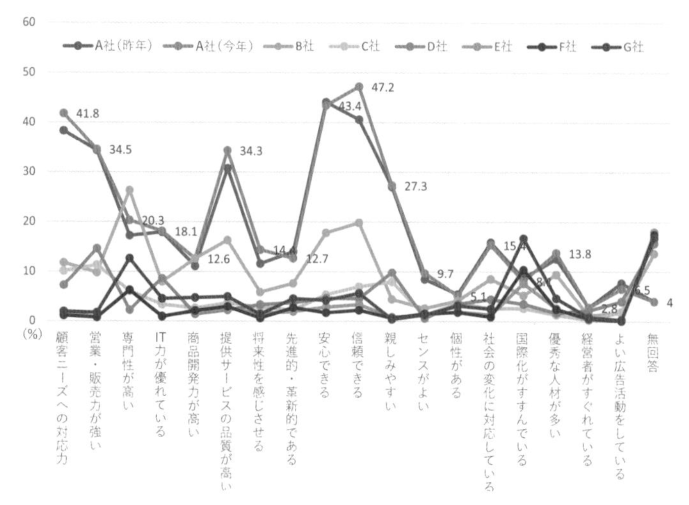

でた、読み取り力！　ていうか、わかりにくい！

ゴチャゴチャして見づらいですね。

その感覚、正しいです。二人とも成長してますね！このグラフは「悪い例」です。**要らない情報が多すぎる**んです。では次に、改良版を見てみましょう。

企業のブランドイメージの調査結果（グラフ）※A社が実施。調査概要は省略

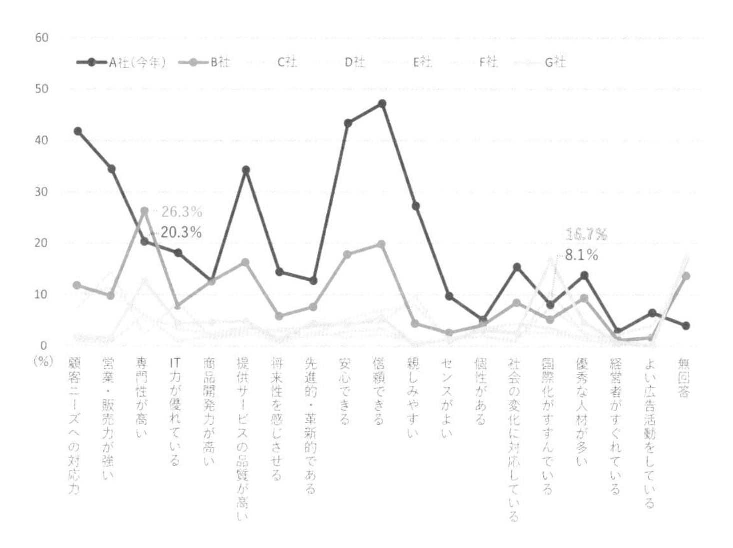

色の数がぐっと減って、見やすくなった！

そうですね。このグラフは7社の比較ですが、**A社が意識しているのは、自社よりポイントの高い項目があるB社とG社だけ。**だから、そのほかの企業は「グレーアウト」しちゃっていい。

なるほど、グレーにして目立たなくするのね。あ、数字も、少なくなってますね。

そうです。**とくに伝えたかったのが「他社に負けているところ」の場合ですね。それ以外はいちいち数字を入れなくていい**んです。

A社はほとんどの項目で1位だから、安定感のある企業なんだろうな。だけど「専門性」でB社に、「国際化」でG社に負けてる。保守的なイメージをもたれてそう。

その通り！　**信頼性は断トツだけど、専門性や国際性は課題だよ、**ということが、このグラフのメッセージです。

グラフを通して何を伝えたいのかが明確になったわ！

グラフ化するときは「言いたいこと」を決め、それ以外の情報は、削ぎ落す！

グラフ化のステップ❷
——メッセージが最も伝わるグラフを選ぶ

メッセージが決まったら、それを伝えるのにふさわしいグラフを選ぶ必要があります。

グラフには様々な種類があり、それぞれに違った用途があります。

メッセージとグラフの用途がズレていて、言いたいことが伝わらない…ということにならないよう、グラフの「適材適所」を押さえましょう。

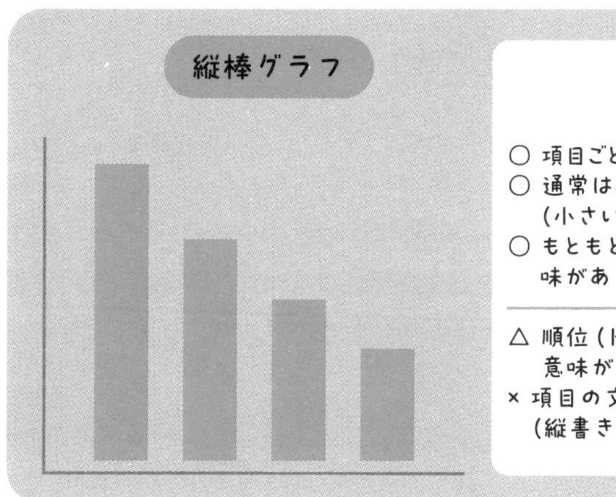

活用方法

○ 項目ごとの大小／多少を比較する
○ 通常は、降順(大きい順)や昇順(小さい順)に並び替える
○ もともとの選択肢の並び順に意味があるときは、そのままで

△ 順位(トップ3、ワースト3等)に意味がある場合は、横棒グラフ
× 項目の文字数が多いとき(縦書きの複数行は読みにくい)

縦棒グラフは、項目ごとの大小／多少を比較する際に使われます。

この図は、**左から右に行くにつれ数字が小さくなっていっていますね。これを「降順」と言います。逆に、小→大の順を「昇順」といいます。**

通常の縦棒グラフは降順か昇順で表示しますが、もともとの選択肢の並びに意味があるなら、そのままで表示します。

なお、項目の文字数が多くて複数行になるときは、縦棒より横棒グラフのほうが見やすくなります。より「ランキング感」を出したいときも、横棒グラフのほうが向いています。

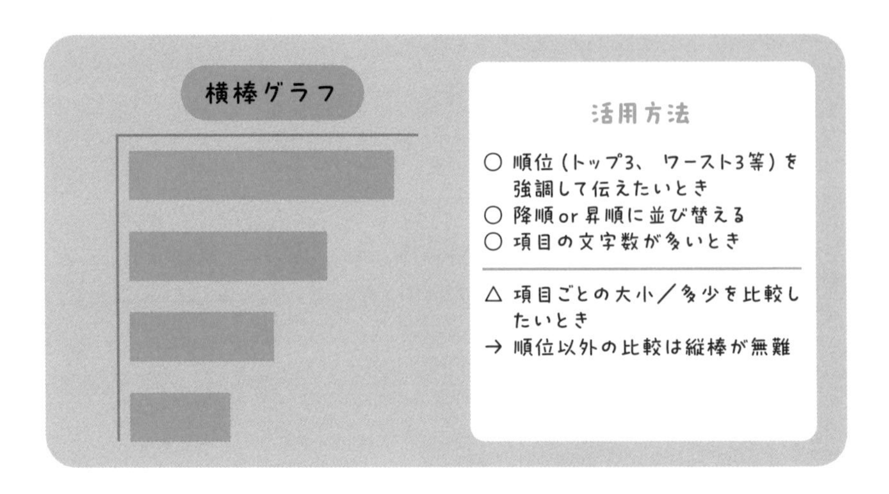

横棒グラフも、大小／多少の比較に使いますが、「トップ３」「ワースト３」など、より「順位」を強調したいときに向いています。従って、**「降順」もしくは「昇順」に並べることが大事です。**順位以外の比較なら、縦棒グラフを使ったほうが良いでしょう。横棒グラフにすると、数字の大小が「良い・悪い」のような印象を与える可能性もあるので注意。

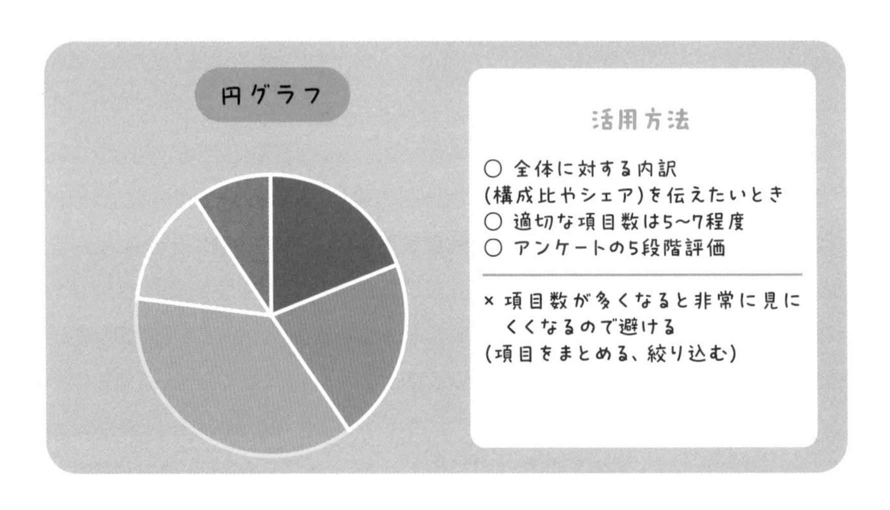

円グラフは、全体に対する「内訳」を表すときに使います。

アンケートの５段階評価（「満足」「やや満足」「どちらとも言えない」「やや不満足」「不満足」など）を示す円グラフはおなじみですね。このように、円グラフを使うと構成比やシェアが一目でわかります。

気を付けるべきは項目数です。多くとも、５～７項目程度に抑えることが大事。10も20もあると見づらくなります。伝えたいメッセージに関わることでない限り、細かい項目は「その他」にまとめましょう。

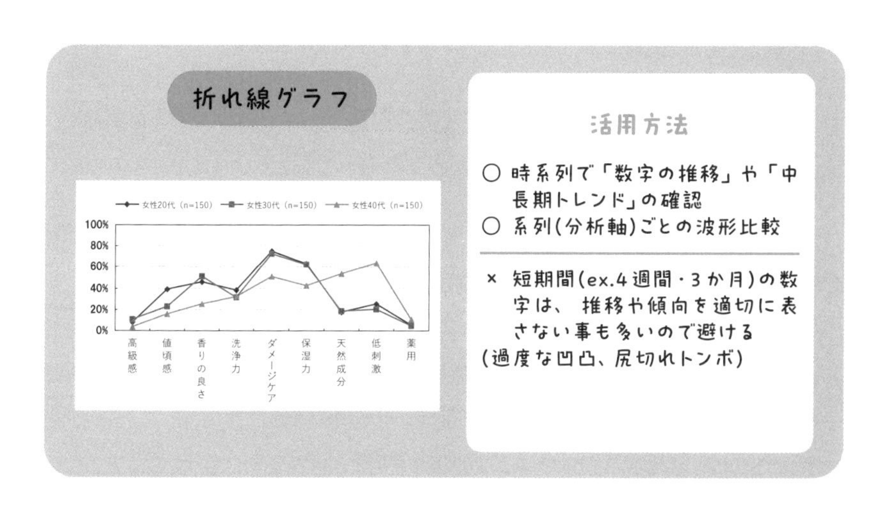

折れ線グラフは、時系列による「推移」や、「中長期トレンド」を示すときに最適です。

時系列以外では、分析軸ごとの波形比較にも使われます。たとえば上の図は、「シャンプー購入の重視点」を、年代別に比較したものです。**こうして波形を重ねると、「20代と30代はほとんど同じだけれど、40代だけ傾向が違う」といったことがわかりますね。**

なお折れ線グラフは、「中長期トレンド」を見るには適していますが、あまりに短いスパンのものには向きません。過度に凹凸が激しくなったり、尻切れトンボになったりして「この先どうなる？」が読み取りづらく、判断ミスを招くこともあるので要注意です。

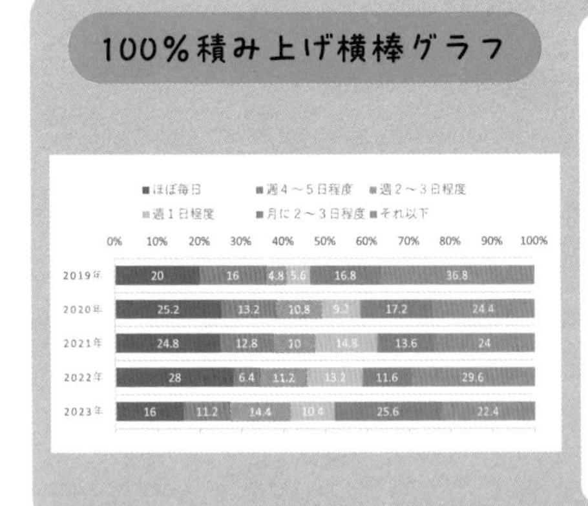

活用方法

○ 系列（分析軸）ごとの、全体に対する項目内訳の比較
○ 構成比を時系列で比較

× 項目数が多くなると非常に見にくくなるので避ける
（項目をまとめる、絞り込む）

クロス集計表（P.52）をグラフ化するときに便利なのが、「100%積み上げ横棒グラフ」。分析軸ごとの、全体に対する構成比がわかるグラフです。

上の図では、あるサービスについて「ほぼ毎日使う」「週４～５日」……という風に利用頻度を項目化し、その内訳を示しています。

かつ、上から下へ見ていくと、時系列での推移もわかります。「ほぼ毎日使う人」の割合は順調に伸びていたのに、2023年に減少に転じていて、「飽きられてきたのかも」といった推測ができますね。

このグラフも、項目数が多すぎると見づらくなります。細かい部分は「その他」などにまとめ、シンプルな見せ方を心がけましょう。

よく見るグラフがいっぱい！

用途・目的に応じた使い分けが必要だな。

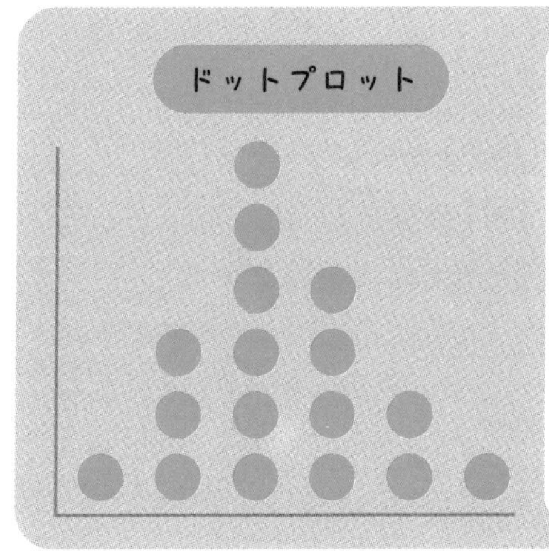

活用方法

○ データ個数が少ないとき(50以下)
○ データの散らばりが直感的に理解しやすい
○ 個別データの値や存在を強調(データが人を表す場合は重要)

× データ個数が多い場合は適さない(重複も多く発生する、重複を避けて表現すると傾向を把握しづらくなる)

ドットプロットは、小学校の1～2年で教わるグラフです。大人には馴染みが薄いですが、要は「縦棒グラフがドットになったもの」です。

たとえばクラスの中で、「朝食を食べるのは週に何回？」というアンケートをとったとして、週2回以下の子が1人、3回の子が3人……という風に、一人ひとりがドットで表されます。

ドットプロットは「一クラスぶん」程度の、小規模なデータのグラフ化に適しています。データ数が50以上なら、ドットで表すのはいささか煩雑。棒グラフを使うのがベターです。

「だったら全部、棒グラフでいいのでは？」と考えた方もいるでしょう。しかし、ドットプロットには独自のメリットがあります。

それは、**データの散らばりが直感的に理解しやすいこと。そして、「個々」を強調できることです。**

棒グラフでは棒状の「ひとかたまり」で表されるところを、ドットプロットは一つひとつのドットで示します。この図で言えば、「生徒一人ひとり」を感じられるのです。「朝食を食べてない『1人』って、どの子だろう？大丈夫かな？」という風に、マイノリティに目が向きやすくもなります。

同じ数字でも、グラフの種類によってずいぶん印象が違うんだね。

ドットプロットだと、無機質だったデータが身近に感じられるかも。

「棒は大小、円は内訳、
折れ線は推移や比較」と覚えておく

グラフ化のステップ③
――グラフを整える

メッセージを決めて、適切なグラフを選んだ後は、「整える」ステップです。
「整える」とはどういうことか。それを知るために、「整ってないグラフ」を見てみましょう。

1.「目盛り」を整える

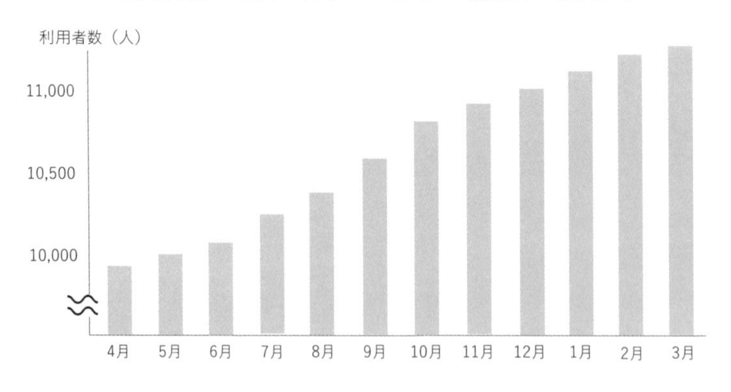

Q 「利用者数は順調に伸びています」、というメッセージとともに示されたグラフ。ここにある「ごまかし」がわかりますか？

棒の並びを見ると、伸びているように見えるけど。

横軸もきちんと１か月ごとに刻まれ、どこかを抜いたり飛ばしたりした形跡もないし。

しかし、縦軸はどうでしょうか。**左下に「省略」の印があり、その上の目盛りが、過剰に細かく刻まれています。**これは、実態よりも増えている印象を強くする狙いがありそうです。４月からの１年間で、利用者は１万人弱から約11,000人と、1000人程度しか増えていません。左下の省略を入れずにつくり直せば、微増程度のグラフになります。**縦軸目盛りにはグラフ作成者の恣意が入りやすいので、要注意ですね。**

グラフって、ごまかすことにも使えちゃうんだね（怒）。

グラフ作成には「誠実さ」が必要だな。

もし端折る場合は、その理由を説明することが必須。たとえばこのグラフが、「４月から10月までは順調に伸びているのに、それ以降の伸び率が鈍っています」と伝えるためにつくられたものなら、省略があっても誠実です。しかし「順調に伸びています」と伝えるためなら、明らかに不適切。つくり手はこうした作為をしないこと、見る側は作為にダマされないことが大切です。

ダマされそうなポイント、ちゃんと知っておかないと。

整っていないグラフ①　不自然な縦軸
縦軸の目盛り刻みが、意図的に小さくなっている

2.選択肢を整える

続いて登場するのは、ある商品の利用満足度調査の円グラフ。一見すると、5段階評価の「よくあるグラフ」です。

添えられたメッセージは、「女性20代の過半数以上の方がこの商品に満足しています」。

このグラフにも、「ごまかし」があります。さて、どこでしょう？

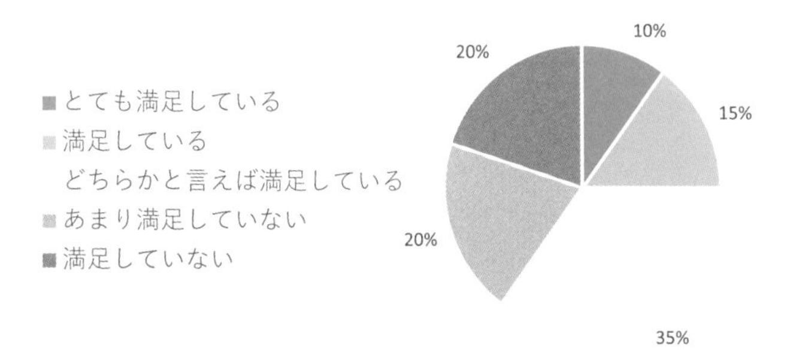

黄色い部分が、すごく多い気がする……。

答えは、**「選択肢が不適切である」**ということです。

与えられた選択肢は5つ。そのうちの3つが、程度の差はあれ「満足している」になっています。つまりポジティブに偏っているのです。

この場合、満足度が普通だったり無関心だったりする人も、「どちらかと言えば満足している」を選んでしまうはず。作為なのかミスなのかはわかりませんが、データを扱う人が間違ってはならないポイントです。

ここでは、**黄色の部分を「どちらとも言えない」にするか、もしくはポジ**

ティブ・ネガティブの選択肢を２つ・２つで合計４つの選択肢にするのが適切です。

整っていないグラフ②　不適切な選択肢

聞き方で数字が操作できる（選択肢がポジティブに偏っている）

良く見せたいのはわかるけど、これはずるいな。

例題

そのグラフ整っている？

Q 左のグラフと右のグラフは、同じ内容を示しています。
左は整ったグラフで、右は整っていないグラフです。
どこが違うのでしょうか？　「４つ」探してください。

整ったグラフ

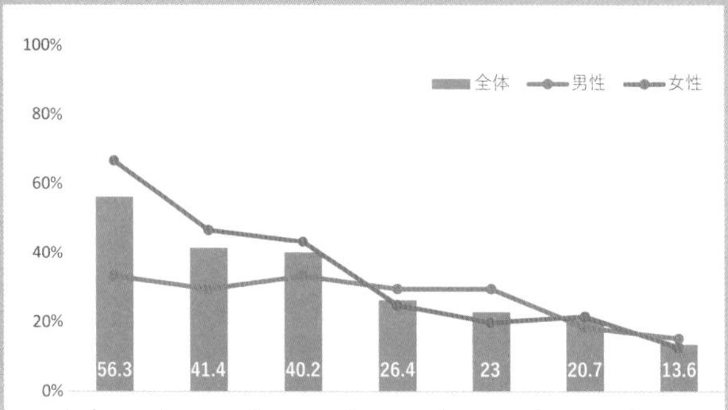

100%
80%
60%
40%
20%
0%

全体　男性　女性

56.3　41.4　40.2　26.4　23　20.7　13.6

■全体 +10Pt以上
■全体 +5Pt以上
■全体 -5Pt以下
■全体 -10Pt以下

		n	デザイン	本体カラー	防水機能	本体サイズ	操作性	本体の重さ	その他
全体		87	56.3	41.4	40.2	26.4	23	20.7	13.6
性別	男性	27	33.3	29.6	33.3	29.6	29.6	18.5	15.3
	女性	60	66.7	46.7	43.3	25	20	21.7	12.8
年代別	10代	4	75	75	75	0	0	50	25
	20代	24	54.2	41.7	45.8	16.7	29.2	8.3	8.3
	30代	28	60.7	39.3	32.1	42.9	28.6	25	15.7
	40代	16	56.3	43.8	56.3	18.8	6.3	18.8	6.3
	50代以上	15	46.7	33.3	20	26.7	26.7	26.7	12.1

（＊50ss未満については、ハッチング対象外）

《解答と解説》

整えポイント❶　単位は必ず表記する！

右図には、「%」が入っていません。**単位が何かによって、解釈は大きく変わります。**単位を入れるのは鉄則と心得ましょう。

整えポイント❷　グラフ内の数字は見やすく！

右図の数字は、棒グラフと折れ線グラフ、どちらの数値を指しているのか

整っていないグラフ

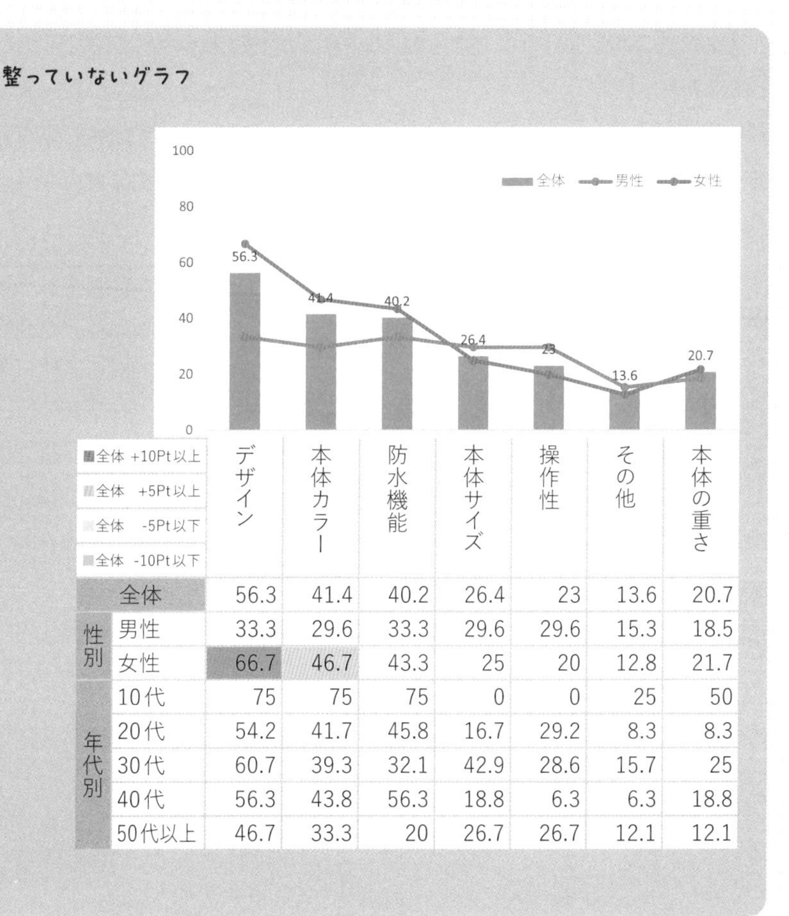

		デザイン	本体カラー	防水機能	本体サイズ	操作性	その他	本体の重さ
全体		56.3	41.4	40.2	26.4	23	13.6	20.7
性別	男性	33.3	29.6	33.3	29.6	29.6	15.3	18.5
	女性	66.7	46.7	43.3	25	20	12.8	21.7
年代別	10代	75	75	75	0	0	25	50
	20代	54.2	41.7	45.8	16.7	29.2	8.3	8.3
	30代	60.7	39.3	32.1	42.9	28.6	15.7	25
	40代	56.3	43.8	56.3	18.8	6.3	6.3	18.8
	50代以上	46.7	33.3	20	26.7	26.7	12.1	12.1

が紛らわしいですね。左のように整えれば、見間違うことはありません。**数字は「視認性の向上（見やすくすること）」と「誤認防止（間違いを防ぐこと）」を常に意識しましょう。**

整えポイント❸　「その他」は最後に！

右図では、「その他」が最後から２番目という、おかしな位置にあります。「その他」や「わからない」などの選択肢は、必ず最後に固定しましょう。

整えポイント❹　「件数」「回答者数」を必ず入れる！

左図の表の部分には、「ｎ（答えた人の数）」がありますが、右図にはありません。

回答者数・件数・サンプルサイズ（ss）などの「実数」は、図表に必ず入れるべきものです。これが多いか少ないかで、データの信頼性は大きく違ってきます。

ちなみに左図を見ると、回答者数は総計87人、10代にいたってはわずか４人です。欄外に「50ss未満については、ハッチング対象外」とありますが、ハッチング対象は女性のみ。ハッチングとは、特定範囲を斜線や色づけして識別しやすくすることです。

つまるところ、**このデータはそもそも、回答者数が少ないため「信頼性に乏しい」のです。会社で取り扱うようなデータであれば、やはり分析軸ごとに100以上は欲しいところ**。最低でも50はないと、ビジネスシーンでは使えるデータになりません。

そこがわかっていれば、会議でこのデータを提出されても「回答者数が少なすぎて、判断材料には使えないよね」と指摘できます。

え〜〜！　データそのものが「不十分」だったなんて。

整えポイントおさらい

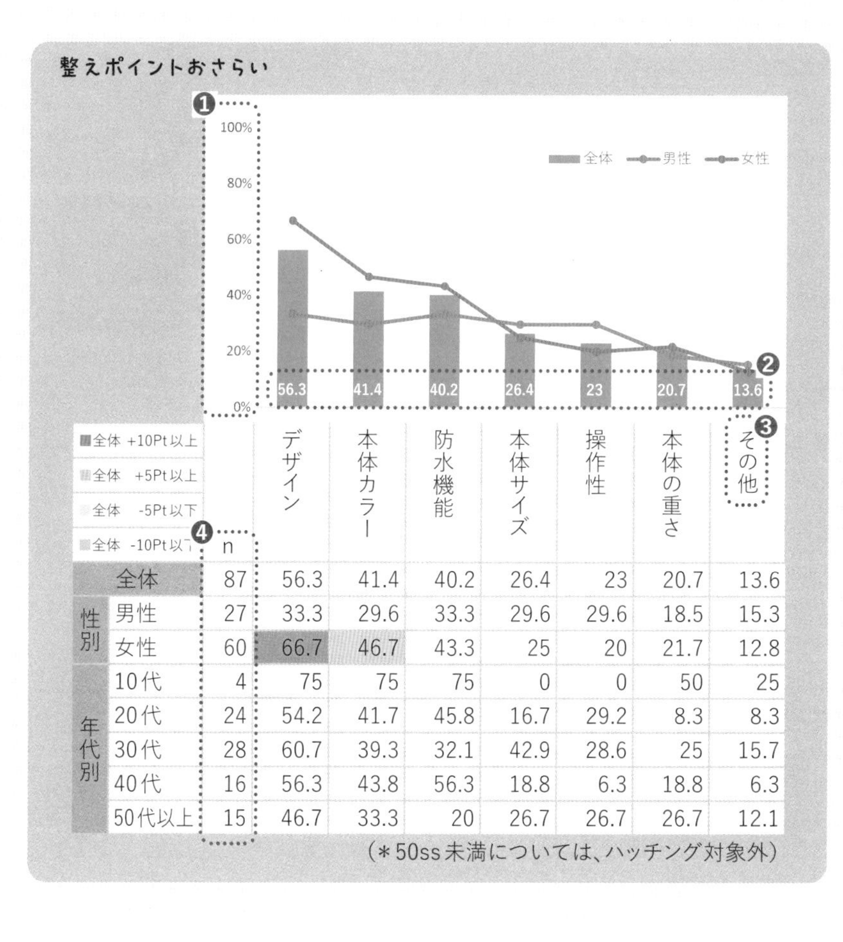

		n	デザイン	本体カラー	防水機能	本体サイズ	操作性	本体の重さ	その他
全体		87	56.3	41.4	40.2	26.4	23	20.7	13.6
性別	男性	27	33.3	29.6	33.3	29.6	29.6	18.5	15.3
	女性	60	66.7	46.7	43.3	25	20	21.7	12.8
年代別	10代	4	75	75	75	0	0	50	25
	20代	24	54.2	41.7	45.8	16.7	29.2	8.3	8.3
	30代	28	60.7	39.3	32.1	42.9	28.6	25	15.7
	40代	16	56.3	43.8	56.3	18.8	6.3	18.8	6.3
	50代以上	15	46.7	33.3	20	26.7	26.7	26.7	12.1

（＊50ss未満については、ハッチング対象外）

番外

デザインを整える

データ活用の本筋ではありませんが、グラフだけでなく「資料全体を見やすくすること」も大切です。

なぜなら見やすいとは、すなわち「理解しやすい」だからです。資料をつくるときは、次の点に注意しましょう。**わかりやすい資料のポイントは、足し算ではなく「引き算」です。**

Before_デザイン・装飾を整える

資料デザインのポイント!	
色	・**色の数は少なめが良い。**2～3色が理想です。 ・**彩度は控えめ**で、黒でも彩度を落とすとまろやかになります。 ・色のもつイメージを意識する
文字	・游ゴシックやメイリオなど、**見やすいフォントを使いましょう。** ・**フォントは統一する。**多くても2種類を推奨します。 ・**文字サイズに基準を設ける。**
線	・不要な枠線はつけないことを推奨。 ・不要な罫線はひかないことを推奨。 ・線の太さを調整する。
余白・改行	・余白は多めくらいが見やすいので、工夫しましょう。 ・綺麗に改行する。
レイアウト	・左から右に、上から下に配置する。 ・**上下左右を均等に整列させる。**

ん？　いつもつくっているやつに似ているんだけど……。

ちょっとダサくて、読みたくない感じ。

After_デザイン・装飾を整える

資料デザインのポイント!

色	・色の数は**少なめ**が良い(2～3色が理想) ・彩度は**控えめ**(黒でも彩度を落とすとまろやかに) ・**色のもつイメージ**を意識する
文字	・**見やすいフォント**を使う(游ゴシック、メイリオ) ・フォントは**統一**する(多くても2種類) ・文字サイズに**基準**を設ける
線	・不要な枠線は**つけない** ・不要な罫線は**ひかない** ・線の太さを**調整する**
余白・改行	・**余白は多め**くらいが見やすい ・**綺麗に改行**する
レイアウト	・左→右、上→下 ・**整列**させる(上下左右、均等)

シンプルなほどいいんだね。整える＝飾る、じゃないんだ。

強調したいことには、ついつい色や装飾を足しがちだけど、不要な情報を引けば良いのかぁ。目から鱗(うろこ)！

グラフ化の3ステップ(①メッセージを決める②グラフを選ぶ③グラフを整える)で、一気に伝わるグラフに大変身!

3時間目のふりかえり

いや〜、ふだん使わない頭の部位を使ったな。

授業で習ってることも多かったけど、会社の話になるとやっぱり難しい！
ていうか、目盛りを操作してズルするのはだめじゃない？

そうだな。しかし、「ドットプロット」の存在は初めて知ったぞ！

おそらく、小学二年生にドットプロットを教えるのには、目的があると思うんです。

え、なんだろ。グラフに慣れてもらうためとか？

それもあるけど、きっとね、「データは、一人ひとりの積み重ねですよ」ってことを伝えたいんじゃないかな。
データって、えてして無機質な印象になるでしょう？
集計表やグラフにするととくに。でも数字やグラフの大元には、個別の、生きた一人ひとりがいるんですよね。
これはデータを扱う人が、忘れてはいけないことです。
個人の感情や想いが軽視された分析やアクションでは、結局、人が動かないので、問題も解決されません。

それは大事だね。でも、規模が小さくないといけないんでしょ？

お父さんの課なら20人くらいだから、残業時間の集計とかに使えるな。

いいですね！　あと最後に教えた「デザインを整える」作業も忘れないでもらいたい。学校では「見やすいグラフ」について、なかなか学ぶ機会もないと思います。相手のことまで考えて、表やグラフを整えられる人材になると完璧ですね！

「デザイン＝飾る」じゃないもんね。シンプル・イズ・ザ・ベター！

4時間目 代表値を理解する

この時間の目標　「データの中心」を知り、グラフに応用しよう!

キーワード　□加重平均　□中央値　□平均の罠

「中心」と「散らばり」で集団の形がわかる

まずは復習から。ローデータってなんでしたっけ?

観測したままの、生のデータです。

そのままじゃわかりにくいから、集計が必要なデータでしたよね。

そう。集計やグラフ化によって集団の特徴、つまり「形」が確認できます。こういう風に。

80個のローデータという集団 → ヒストグラムで分布を確認

151	154	158	162	154	152	151	167
160	161	155	159	160	160	155	153
163	160	165	146	156	153	165	156
158	155	154	160	156	163	148	151
154	160	169	151	160	159	158	157
154	164	146	151	162	158	166	156
156	150	161	166	162	155	156	159
157	157	156	157	162	161	149	156
162	168	162	159	169	162	159	156
150	153	164	156	162	154	143	161

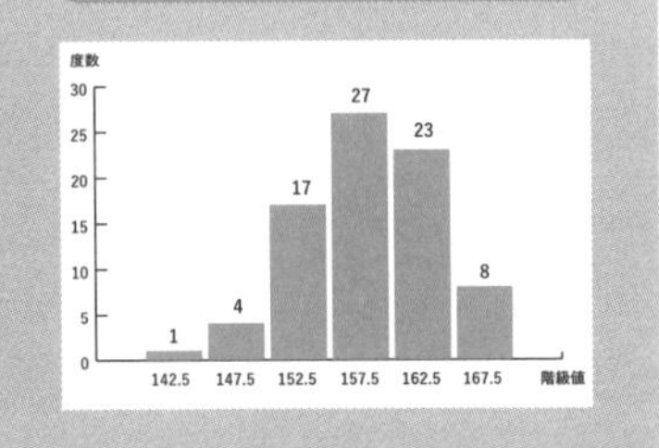

2時間目に登場した身長データですね。これは「後ろにやや寄っ

た、山なりの形」をしています。**このような集団の形を把握したいときに、「代表値」「散布度」という概念が有効になります。**

代表値、習いました。散布度は初耳だけど。

父さんは全部初めてだ……。

大丈夫、難しくないです。こちらを見てください。

データの形(=分布)を数字で表す方法は、
表したい内容によって様々な考え方がある。

代表値 (データの中心を表す)	散布度 (データの散らばりを表す)
・平均値 ・中央値 ・最頻値 ・最小値 ・最大値	・分散 ・標準偏差 ・範囲 ・歪度 ・尖度

代表値とは、そのデータの「中心」がどこにあるかを指す数字で、平均値・中央値・最頻値・最小値・最大値などの種類があります。

へえ。平均は代表値の中の一種類なんだ。

そうなんです。で、散布度は「散らばり度」を指す数字。分散・標準偏差・範囲・歪度(わいど)・尖度(せんど)などの種類があります。

そっか、「真ん中」と「散らばり方」か！

両方わかると、全体感がわかる感じがするでしょう？　ところでお父さん、**「基本統計量」**って聞いたことありませんか？

資料でときどき見ます。でも、難しそうだから読み飛ばしてます(笑)。

難しい印象がありますよね。でもあれって、代表値と散布度のことなんです。上で紹介したものの中でも、**平均値・中央値・最頻値・分散・標準偏差・範囲の６項目を押さえておけばOKです。**

そうなんだ！

４時間目はこの６つのうち、平均値・中央値・最頻値を説明しましょう。

データの形(＝データの分布)を数字で表す方法は、表したい内容によって様々な考え方がある

平均値① 単純平均と加重平均

「平均値」は世代を問わず、聞きなれた概念だと思います。しかし実は、平均にはいくつかの種類があります。

私たちが通常「平均」と呼んでいるものは、単純平均（算術平均）です。データの合計をデータ数で割ったもの、たとえば80ページの身長データで言うと、80人分の身長を合計した数字を、80で割った数字です。

単純平均

-データの合計をデータ数で割って算出
-身長データの例
(151+154+…+156+161)/80=**157.6**

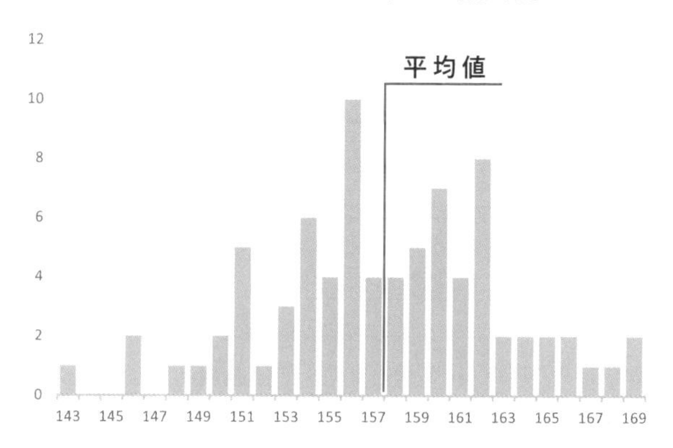

実は平均って、この単純平均以外にも種類があります。
次の例を見てみましょう。

Q A中学校とB中学校が、同じ内容の英語テストを実施しました。A中学校の生徒数は100人で平均点は60点、B中学校の生徒数は50人で平均点は40点でした。さて、このテスト全体の平均値はいく

つでしょうか？

2校の平均点を足して、2で割って、50点……ではダメです。両校の人数が違うということは、**各生徒の点数が全体に対して占める「重み」が違ってくるからです。**

このテスト全体の平均値を出す正しい方法は、こちらです。

加重平均

値を単純に平均するのではなく、
データの数値に何らかの重みづけを施して算出する平均

表1　テスト結果

	生徒数	平均点
A中学校	100人	60点
B中学校	50人	40点
A中学校+B中学校	150人	??

単純平均だと50点だが、加重平均だと53.3点になる

表2　加重平均

	生徒数	平均点	合計点
A中学校	100人	60点	100人×60点 =6000点
B中学校	50人	40点	50人×40点 =2000点
A中学校+B中学校	②150人	8000点(①) ÷150人(②) =約53.3点	①8000点

A中学校の得点合計　　60点×100人分＝6000点

B中学校の得点合計　　40点×50人分＝2000点

両校を足して8000点（①）→　人数の合計150人（②）で割って、正解

は53.3点。

A：53.3点

これを、「加重平均」といいます。

ちょっと難しかったけど、理解できた。

加重平均、名前だけは知ってたけど、そういうことか！

算数レベルだが、
意外に計算を間違える「加重平均」

平均値② 幾何平均

ちょっと難しいかもですが、次のような平均値はどう計算すれば良いでしょう？

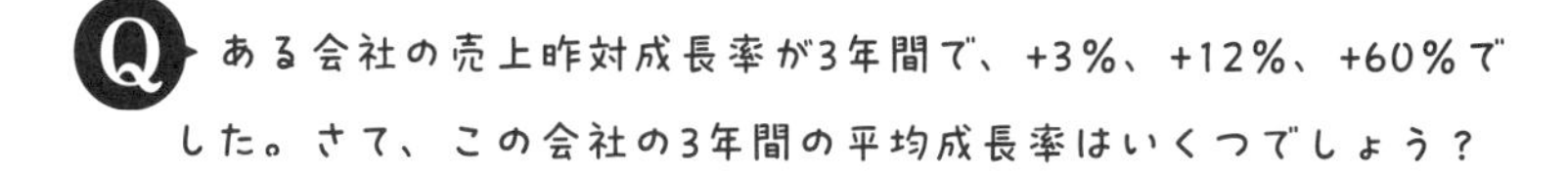

Q ある会社の売上昨対成長率が3年間で、+3%、+12%、+60%でした。さて、この会社の3年間の平均成長率はいくつでしょう？

去年に比べてこれくらい伸びた、ってことだよね。足して3で割っちゃダメ？

それじゃダメな感じがする。加重平均もなんか違うし……。

そう、ダメなのです。伸び率の平均は、単純平均や加重平均のように、「足し算÷件数」で出すことはできません。

ここでは、3つの数字を掛け算します。そして、その数字の「三乗根」（$\sqrt[3]{}$）を求めます。

$\sqrt[3]{1.03\times1.12\times1.60}=1.227$　となりますから、平均成長率は**22.7％**です。

A：22.7%

もし4つの数字の平均を求めるなら、4つをかけてから$\sqrt[4]{}$。5つなら、5つを掛けてから$\sqrt[5]{}$です。**少し難しいですが、企業の決算資料などをつくるときによく使う数字です。**

ひー。

ま、伸び率の平均は単純平均や加重平均では計算できない、ということだけ覚えておいてください（笑）。

中央値と最頻値

中央値とは、測定値を最小値から最大値まで順番に並べたときに、真ん中にくる数字のことです。おなじみの「80人の身長データ」に当てはめてみましょう。

最小値143から最大値169までの、80個の数字の真ん中はどこでしょうか？

中央値

-測定値を順に並べたときに
中央にくる値
-外れ値の影響を受けにくい

身長データ(80人)の例:157.5cm

143	151	154	156	158	160	162	164
146	151	154	156	158	160	162	164
146	152	155	156	158	160	162	165
148	153	155	156	158	160	162	165
149	153	155	156	159	160	162	166
150	153	155	156	159	160	162	166
150	154	156	157	159	161	162	167
151	154	156	157	159	161	162	168
151	154	156	157	159	161	163	169
151	154	156	157	160	161	163	169

データ数が
偶数なので
40番目と
41番目の平均

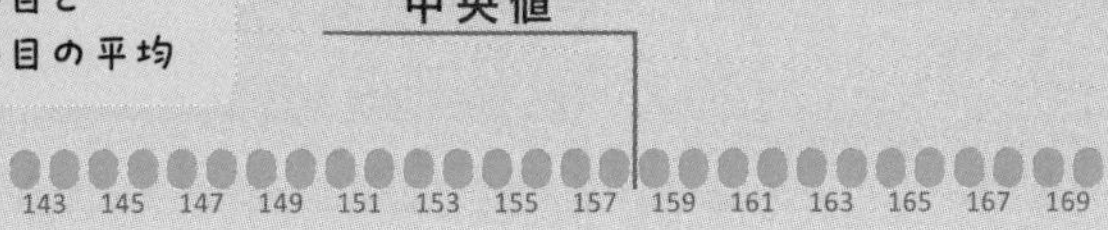

中央値

143 145 147 149 151 153 155 157 159 161 163 165 167 169

答えは、40番目と41番目の「間」です。この場合はデータ数が偶数なので、40番目の157と41番目の158を足して、単純平均を取ります。結果、中央値は157.5となります。

中央値は、平均値ほど頻繁には利用されませんが、平均値にはないメリットもあります。それは、**「外れ値（ほかと傾向が大きく違う数値）」の影響を受けにくいことです。**

たとえば10人の生徒が、テストで20〜30点程度しか取れなかったとき、1人だけ超天才児が混じっていて、その子だけ100点だったとします。

この場合、平均値は跳ね上がりますが、中央値ならば一番右に「100」という数値が加わるだけでほとんど影響はなく、言わば「実態」に近い数字となります。

また、**中央値は平均値と違って「実在する数字」です。**件数が偶数（先ほどの身長データのように）の場合は真ん中の二つの数字の「間」になりますが、奇数なら、その値に該当するサンプルが実在するということ。その点も、リアル感をもてますね。

そういえば、ローデータを見ると156㎝が10人もいるんだな。

はい、それを最頻値といいます。最頻値は測定値の中で最も数が多い数値のことです。

最頻値

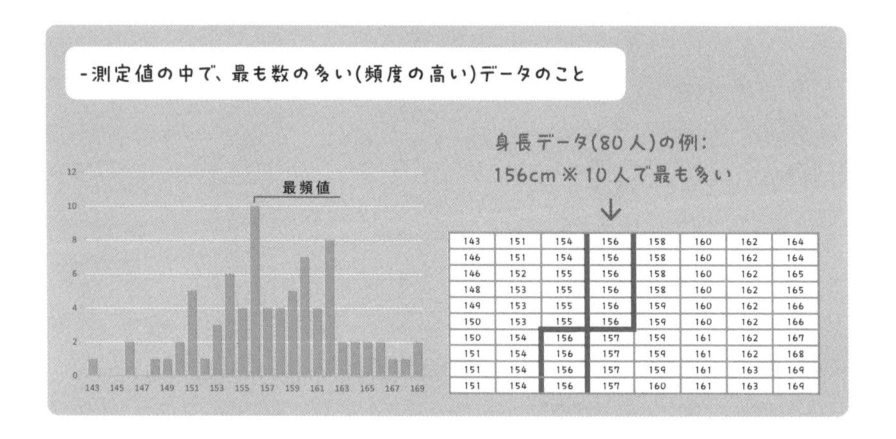

143	151	154	156	158	160	162	164
146	151	154	156	158	160	162	164
146	152	155	156	158	160	162	165
148	153	155	156	158	160	162	165
149	153	155	156	159	160	162	166
150	153	155	156	159	160	162	166
150	154	156	157	159	161	162	167
151	154	156	157	159	161	162	168
151	154	156	157	159	161	163	169
151	154	156	157	160	161	163	169

身長データでいえば、156センチが一番多いので、最頻値に該当します。以上の３つをまとめて、「代表値」といいます。

中央値と最頻値はわかりやすいな。

計算しなくても、すぐわかるのがいいね！

中央値は外れ値に強く、実際に存在する数値なので、肌感に近くなりやすい

代表値とグラフを、併せて見てみると……

改めて、身長データの代表値を確認しましょう。

代表値＝平均値:157.6cm　中央値:157.5cm　最頻値:156cm（155〜160cm）

度数分布表

身長データ（n = 80）

	階級	階級値	度数（人数）	相対度数（構成比）	累積相対度数（%）
	140 〜 145 未満	142.5	1	1.25%	1.25%
	145 〜 150 未満	147.5	4	5.00%	6.25%
	150 〜 155 未満	152.5	17	21.25%	27.50%
最頻値 →	155 〜 160 未満	157.5	27	33.75%	61.25%
	160 〜 165 未満	162.5	23	28.75%	90.00%
	165 〜 170 未満	167.5	8	10.00%	100.00%

最頻値「156」に続けて（155〜160cm）とあります。156は、ローデータから導き出された最頻値。対して**度数分布表では、「階級」を最頻値として解釈することがあります。**会議などで使われる資料でローデータを見せることはほとんどなく、たいていは度数分布表のような集計表が使われます。その場合は数値ではなく、階級で最頻値を示すのも実務的にはOKです。

さて、下の図は身長データを縦棒グラフとヒストグラムで表したものです。

縦棒グラム

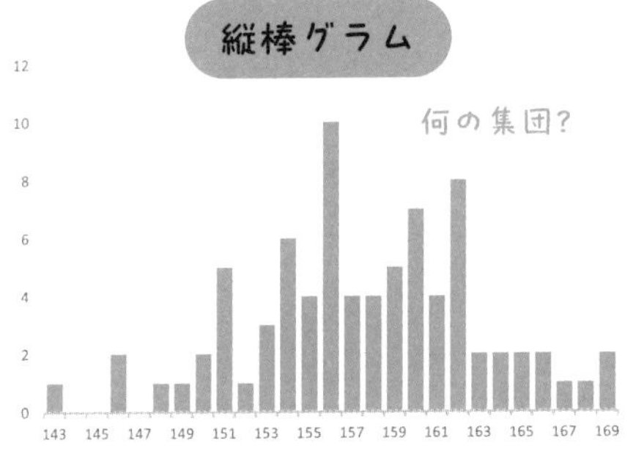

ヒストグラム

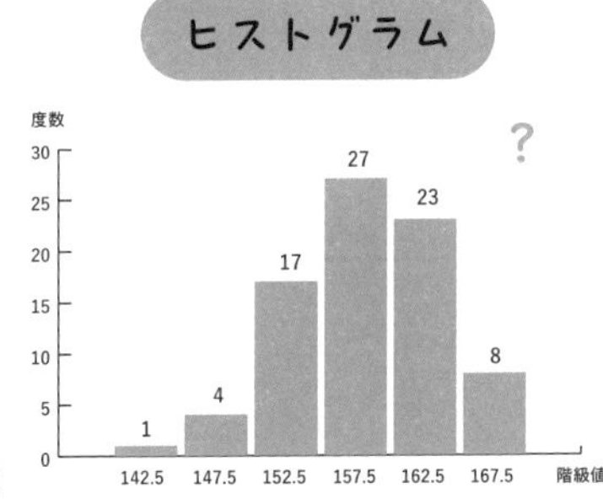

このデータを見た人は「身長を集計したもの」だと知っていても、「どういう集団か」は知らされていないとしましょう。

それでも、代表値とヒストグラムを併せて見ると、以下のような発見ができるはずです。

- **155〜160未満が最も度数が多い**
- **155〜165未満を合わせると度数は50になり、全体の60％以上を占める**
- **140〜145の人が１人いる**
- **165〜170未満は８人だけ**
- **170以上はいない**
- **もっとも多い身長（最頻値）が156cm**

……とすると、「子供の身長データでは？」と、ピンときますね。

このように、**代表値は「これはどういう集団か」を判断するのに役立つ指標なのです。**

ローデータだけだと気がつかないよな。

代表値＋グラフだと、度数分布表よりもっとわかりやすいね！

代表値＋グラフ（ヒストグラム）があれば、集団の特徴を理解しやすい

例題

3つの中央値の使い分け

《「外れ値」は記入ミスを疑おう》

ここからは、代表値の使い方を体感していただくためのワークをしましょう。テーマは、「**毎月のお小遣い額**」です。35歳から45歳の会社員の友人知人50名にアンケートした結果、**平均額は「10,2000円」**でした。お父さん、この金額、どう思います？

ええ～？　みんなそんなにもらってるんですか!?　多すぎ～！

……ってなりますよね。次に、集計結果のグラフを見てみましょう。

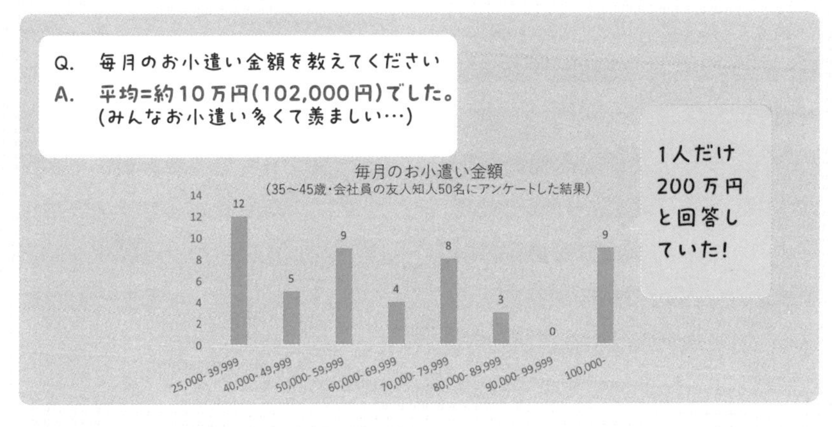

ん？　**1人だけ200万円の人がいた？**

そうなんです。これ、先ほども触れた「外れ値」です。

200万円なんて、本当なのかな？

そう、外れ値があったときは、「これって本当？」「記入ミスじゃない？」という確認が必要です。で、確認してみました。するとやはり、20万円の打ち間違いでした。一ケタ変わると、平均もぐっと変わります。計算し直すと、66,000円でした。

妥当なところだね。よかった〜。

《平均には「罠」がある？》

一方で、このグラフをよく見ると……６万円台の人って、４人しかいないでしょう。しかもローデータを見ると、66,000円の人は１人もいないんです。とすると、この「平均66,000円」を、集団を代表する数字って言ってしまっていいんでしょうかね？

うーん、違和感。

でしょう？　**平均値はこのように、「実在しない事象」を表すことがあります。**集団を表す代表値として、不適切になるケースは意外と多い。これが「平均の罠」です。

それなら、中央値や最頻値のほうが……。

はい。中央値は52,500円、最頻値は50,000円です。どちらが集団を代表する数字として、ふさわしいでしょうか？

平均の罠

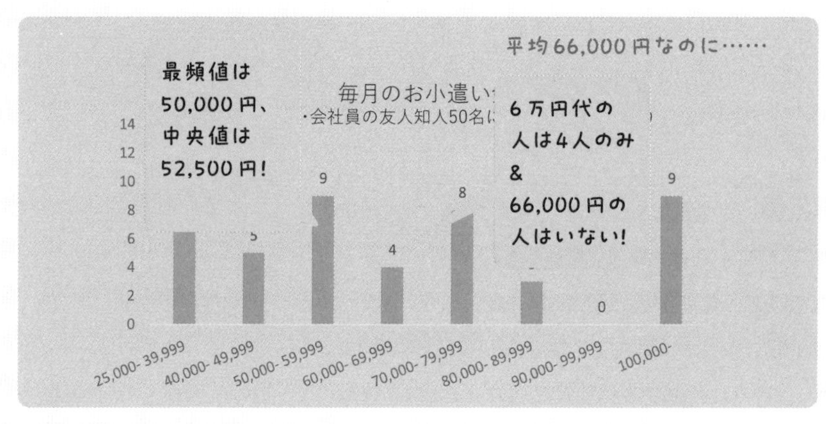

うーん、やっぱり50,000円かな。いや、まったくの感覚ですが。

大丈夫ですよ。**３つの値はすべて代表値なので、ある意味全部正解**です。何を採用するかは、そのときどきの判断でOKです。

「そのときどき」かあ。判断できる自信がない（笑）。「こんなときはこうしよう」みたいな目安ってありますか？

たとえばマーケティング会議で、**この商品は比較的「つつましい」ご家庭向けに売りたい、ということなら、最頻値や最頻階級に注目するといいですね。**

ああ、たしかに。

はたまた、あまり絞り込まずに35歳から45歳の会社員全体をターゲットにするなら、中央値が良いでしょう。いずれにしてもこのケースは、一つの代表値だけで、全体の特徴を表すのは無理がありますよね。**平均値だけでなく、中央値・最頻値は一緒に確認すること**

を心がけてください。

《平均の罠にハマると……》

やっぱり平均値が、全体の印象より上にズレてる感じ。

10万円以上が９人もいて引っ張られているからな……。平均だけ見ていると判断を間違いそう。これが平均の罠の怖さか。

おっしゃる通り。**「平均66,000円か。だったら５万円くらいの価格なら買ってもらえそう」なんて、マーケティング担当が判断**してしまったら……。

思いっきりスベりそう。

そう、売れなくて悲惨なことになります。５万円以下の人はもちろん、５万円の人だって、お小遣いの全額をつぎ込むなんて無理ですからね。

これって……データのつくり手が、自分の出したい結論に向けてミスリードすることもできてしまうのでは？

はい。**つくり手が内心「高単価の商品をつくりたいな～」なんて思っていたら、平均値だけを出して誘導することもできます。**

ダマされないようにしないと！

お父さんにはもう知識が備わったから、そんなときには「中央値と最頻値はどうなってるの？」と聞くことができますね。**データ活用**

は、度数分布表、グラフ、そして３つの代表値など、多角的視点をもつことが大事。その上で、目的に照らし合わせて判断しましょう。

平均は、
・外れ値（突出して数字が大きい・小さいデータ）の影響を受けやすい
・実在しない事象を表していることがある

《最頻値と最頻階級が別になる理由》

ところで先生、最頻値は50,000円なんですよね？　**でも度数分布表では、25,000円から39,999円が一番多いですよね。**全然違うじゃん、って思うんですけど。

代表値：平均値：66,000円　中央値：52,500円　最頻値：50,000円

（最頻階級：25,000-39,999）

階級	度数	相対度数（構成比）	累積相対度数（%）
25,000- 39,999	12	24%	24%
40,000- 49,999	5	10	34
50,000- 59,999	9	18	52
60,000- 69,999	4	8	60
70,000- 79,999	8	16	76
80,000- 89,999	3	6	82
90,000- 99,999	0	0	82
100,000-	9	18	100

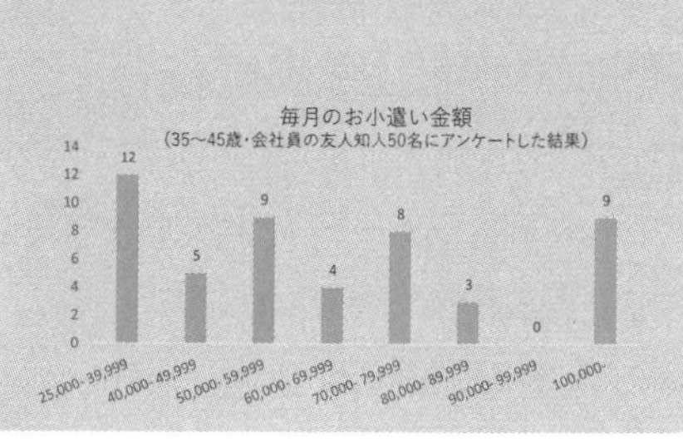

いいところに気づきましたね。**「最頻値」と「最頻階級」が乖離することは、けっこうあります。**

えっ、なぜですか？

「25,000〜39,999」に該当する12人は、30,000円やら35,000円やら、いろんな人が入って12人になってます。一方で、**「50,000円」という金額そのものを答えた人は8人いました**、それが、ほかのどの金額よりも多い答えだったわけです。

そっか……「同じ幅」の中に入る人と、「同じ金額」の人はまた別なんだ。

ちょっと待てよ。今「幅」って言った？　**先生、この階級だけ、幅が広いんですが。**

またまたいいところを突いてきますね。そうです。ほかの階級は1万円刻みですが、**「25,000〜39,999」の階級は1.5万円ぶんの幅がありますね**。これは、２万円台と３万円台に分けたら階級数が増えすぎるので、まとめたんです。10万円以上をひとまとめにしたのも同じ理由です。

そっか、な〜るほど……って言いたいとこだけど、先生！　もし２万円台と３万円台を分けてたら、最頻値と最頻階級って、同じだったんじゃ？

はい、同じになったでしょうね。実はこれ、**少々私の意図が入っておりまして。**

え〜!?　それって今話したばかりの悪いやり方じゃん！

人聞きの悪いことを（笑）。私の意図とは、**「実際のボリュームゾーンは平均値よりもずっと低い」ことをわかりやすく伝えたい**、ということだったんです。

ああ、「２万円台やら３万円台の人がこんなにいる！」っていう風に？

「６万円台とは程遠いじゃないか！」って？

そうすると「平均の罠」の怖さが実感できるでしょう？

私たちのためだったんですね！「悪いやり方」とか言ってスミマセン……。

いえいえ（笑）。まあ今の場合は善意でしたけれど、悪意で印象操作する人もたしかにいます。データを扱う人がもつべきモラル、データを見る人がダマされない眼力、大事ですね。

集計表（度数分布表）・グラフ・代表値など、複数の視点を用いて、適切に集団の特徴をとらえることが重要

4時間目のふりかえり

あ～先生にすっかり、ダマされちゃった。

もう、勘弁してください（笑）。

1つ質問です。最後におっしゃった「データを見る人がダマされない眼力」をつけるにはどうすればいいでしょう？

理想を言えば、**責任ある立場の人はローデータもちゃんと見たほうがいいです**。最頻値と最頻階級が違ってくる例はよくある、ということもわかりますよ。

ローデータか……あれだけ見て何かわかるとか、無理～。

そんなことないですよ。二人とも１日目にして、すごい進歩ぶりですから、この調子で、次はいよいよ、今日最後の授業です！

はい、がんばります！

5時間目 PPDACサイクル

この時間の目標 データを使った問題解決の流れを理解しよう!

キーワード □問題発見 □データ収集 □分析

データを使った問題解決の流れ

5時間目は、PPDACサイクルについて話します。

うわあ、難しそうなの来た！

私、小学生のとき習ったよ。なんだっけ、１時間目の最初の話と似てますよね。問題が見つかって、ああしてこうして……っていう流れですよね？

はい。**PPDACは、データ活用による問題解決を表すサイクル**です。

PDCAなら知ってるけど……。

PDCAと同じく、頭文字を取ったサイクルです。次ページの図を見てみましょう。これは教科書に載っているPPDACを、そのまま引用したものです。

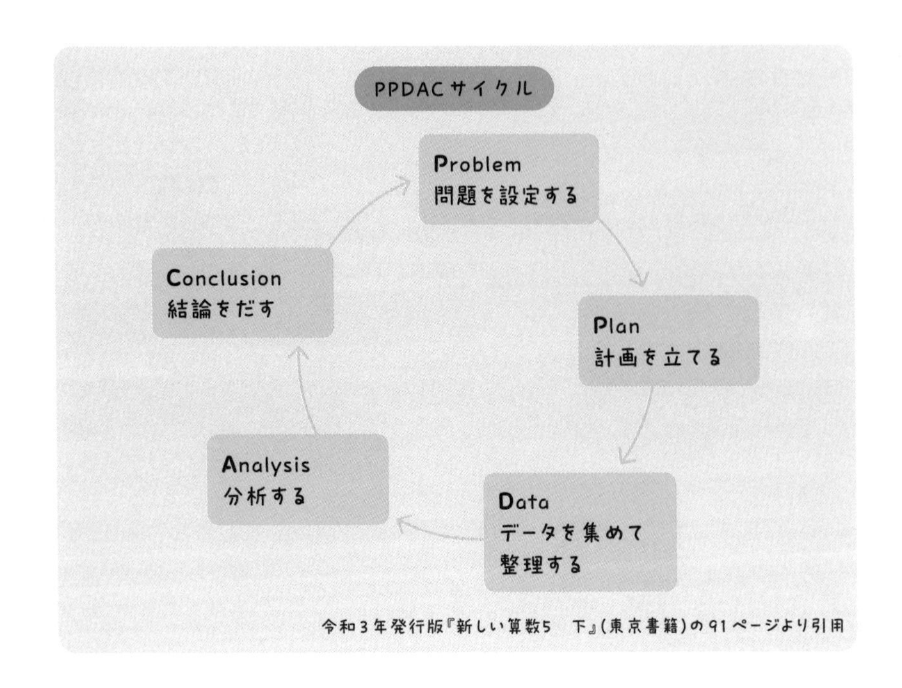

ふむふむ。流れはなんとなくわかった。

5時間目は、職場や学校で起こりうる問題にPPDACをどう当てはめていくか、見ていきましょう。

PDCAサイクルのように、データを活用した問題解決はPPDACに落とし込んで実行

例題1 ビジネスシーンでPPDACを実践！

1時間目にも登場した、「A部門の業務負荷が重すぎる」問題（P.37）。この問題解決に、PPDACを当てはめてみましょう。

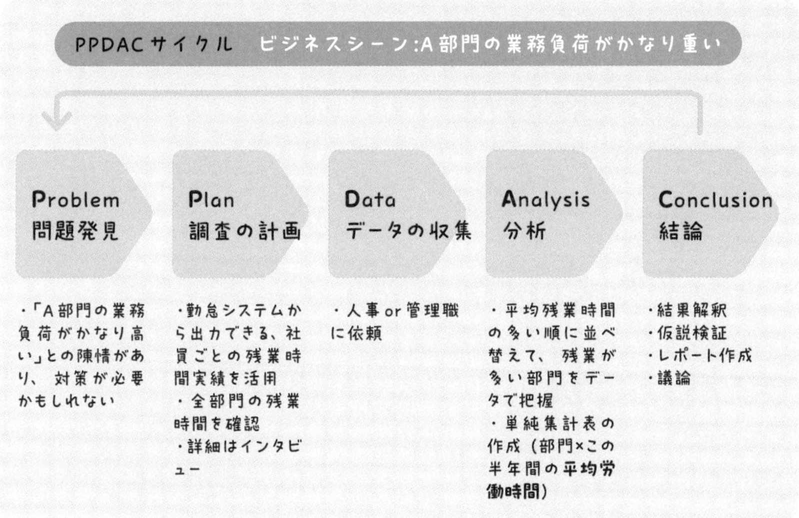

最初の**「問題発見（P）」**は簡単ですね。A部門の業務負荷が高いという陳情がきて、何らかの対策が必要となる可能性がある、ということです。

次は**「調査の計画（P）」**。どのような調査をすれば実態がつかめるか、ということです。たとえば勤怠システムから、社員ごとの残業時間を確認できます。全部門の残業時間を確かめれば、数値の比較による客観的判断ができます。併せて、詳細については当事者へのインタビューも必要でしょう。

この計画に基づき、**「データの収集（D）」**をします。人事や管理職に依頼してデータを集め、集計をします。インタビューが必要な場合は実施します。

続いて**「分析（A）」**。ここでは、部門×直近半年間の平均労働時間の単純集計表を作成するのが良いでしょう。また、単純集計表を横棒グラフで、平均残業時間の多い順に並べると、このような結果になったとします。

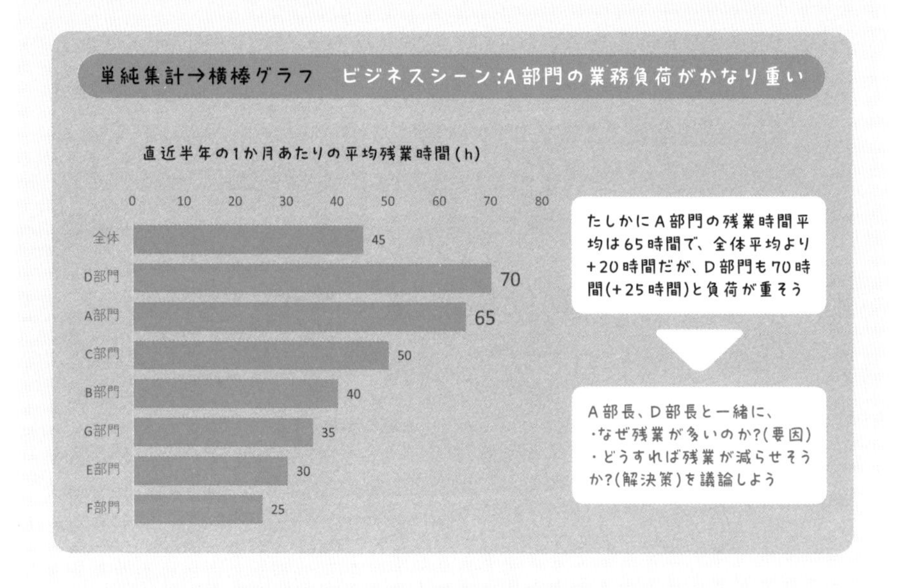

この結果から、**「結論（C）」**として、「A部門もさることながら、D部門はさらに多く残業していることが判明。両部門への対策が必要と思われる」が導けます。

また、結論だけでなく**「たとえば、A部長・D部長と話し合って、なぜ残業が多いのかを確認し、どうやって減らすか、一緒に対策を立てていく」**といったネクストアクションへとつなげるのが理想ですね。

調査計画がちゃんとしてると、分析や結論の質が高まる

例題２

中学校でＰＰＤＡＣを実践！

同様に、1時間目（P.39）に出てきた「中学校の文化祭」にも、PPDACを当てはめてみましょう。

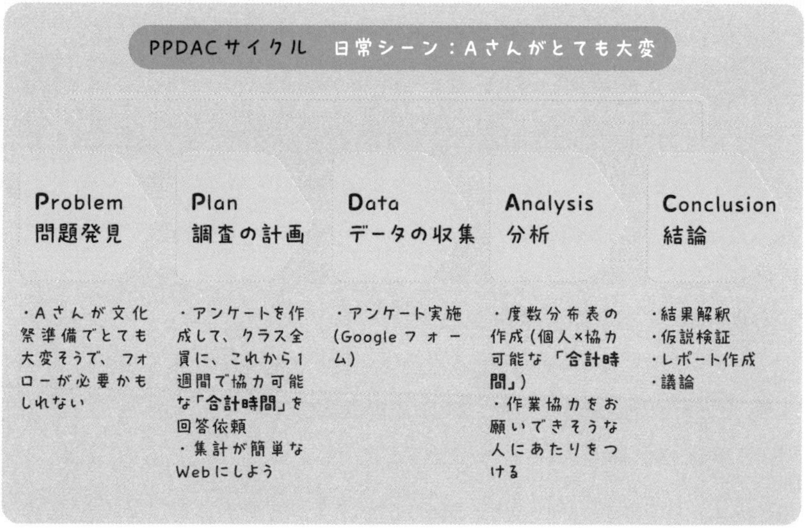

PPDACサイクル　日常シーン：Aさんがとても大変

Problem 問題発見	Plan 調査の計画	Data データの収集	Analysis 分析	Conclusion 結論
・Aさんが文化祭準備でとても大変そうで、フォローが必要かもしれない	・アンケートを作成して、クラス全員に、これから1週間で協力可能な「合計時間」を回答依頼 ・集計が簡単なWebにしよう	・アンケート実施(Googleフォーム)	・度数分布表の作成(個人×協力可能な「合計時間」) ・作業協力をお願いできそうな人にあたりをつける	・結果解釈 ・仮説検証 ・レポート作成 ・議論

「問題発見（P）」は、Aさんに作業が集中して大変なのでサポートが必要そうだ、ということ。

そこで、学級委員さんは**「調査計画（P）」**を立てました。「クラス全員にアンケートを実施して、向こう1週間で協力可能な「合計時間」を教えてもらおう」。かつ、デジタルなら集計が簡単なので「Webで答えてもらおう」と計画。**集計が簡単かつ無料でアンケートできる「Googleフォーム」を活用するのも、デジタルネイティブ世代ならではの知恵ですね。**

次の**「データ収集（D）」**で、それを実践します。アンケートをもとに、個人×協力可能な合計時間を出し、それを**「度数分布表」**にします。

度数分布表　日常シーン：Aさんがとても大変

階級	人数
15時間以上	4
8～14時間以下	10
7時間以下	12

協力可能な合計時間	221時間

合計で200時間以上の協力可能時間があることがわかった。
必要な作業時間は30時間想定なので、間に合う！（みんな有難う）

▼

今回は、多くの時間を割けると回答してくれた人、6～7人に個別に協力をお願いしよう！（アクション）

次は「**分析（A）**」です。文化祭まで１週間となった時点で、準備完了までに30時間ぶんの作業が必要でした。一方**アンケートを集計すると、クラス全員ぶんの「協力可能な合計時間」の総計は221時間。**これなら十分間に合う、と学級委員さんも安心です。

全員に協力してもらうまでもないので、多く時間を割けそうな人に注目します。階級別で見たところ、15時間以上働ける人が４人、８～14時間以下の人が10人います。

そこで「**結論（C）**」として、「**この中から６～７人に、個別に協力をお願いすればOKね！**」という流れになります。

Googleフォーム、初めて聞いた。

私も存在は知ってたけど……パッと活用できるのカッコイイ！

アンケート調査も、
デジタルツールを使うとラクにできる！

「ドットプロット」が少人数の分析に役立つ

15時間以上働ける人が４人。この４人に頼むのは「確定」として、あと２～３人、「８～14時間以下」の人から頼むなら、少しでもたくさん働ける人がいいですね。しかし**「８～14時間」、という広い幅の中にいる10人のなかで、誰が14時間に近いかは、度数分布表からはわかりません。**

そこで役立つのが、67ページで紹介した「ドットプロット」です。

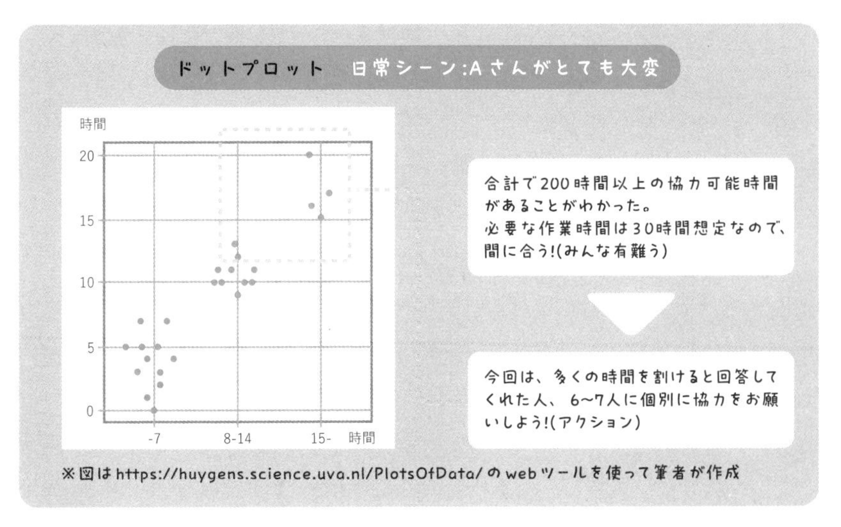

※図はhttps://huygens.science.uva.nl/PlotsOfData/のwebツールを使って筆者が作成

一つひとつのドットが人を表してるんだな。

横軸は、階級ごとに分けられています。縦軸は１時間ごとに刻まれていて、たとえば５時間働ける人は３人、10時間の人は４人いることがわかります。

さて、ここで注目すべきは８～14時間のドット群。**上位を見ると、13時間働ける人が１人、12時間の人が１人います。この２人に頼めば、合計６人の協力者を得ることができそうです。**

なおこの図は、Web上の無料ツールでつくったもの。使い方が少しマニアックですが、興味がある方は、Webサイトを覗(のぞ)いてみてください。

ちなみに、**ドットプロットをグループワークっぽく関係者でつくると、データの個別性を感じつつ全体傾向をつかめるので、オススメです。**ただ、データ個数が少ない場合、実務的にはローデータを直接見れば十分だったりするので、適宜(てきぎ)使いわけてくださいね！

データ個数が少ない場合は、ドットプロットを使うと、全体傾向というデータの個別性を一緒につかみやすい

1日目は小学校レベルの「データ活用」の基本を教えました。いかがでしたか？

濃かった～！　すごいな、最近の小学生。

PPDACのビジネス版、マナちゃんには難しかったかな？

うーん、少し。でも今日、基本を習い直したから、わかるようになってくと思う。

頼もしいな～。今の中学生が社会に出ていくときが楽しみだ。

そうですよね。学校で習う理論が、実際ビジネスで起こる日々の問題とうまくつなげられるかが鍵でしょうね。

先生、思ったんですけど、データの話って、社会科っぽくもありますよね。社会の時間でも、いっぱいグラフが出てくるし。

いい着眼点ですね！　データは、古くから社会調査で積極的に活用されてきました。国や自治体、学術機関や企業など様々な人たちが、社会の実態をデータで客観的に把握して、問題解決する。あるテーマに関わる人が多ければ多いほど、一部の人の主観的意見で物事を決められたら、困っちゃう人がたくさん生まれますよね。

政策などはまさにそうですね。客観的視点をもつことが非常に大切なんだな。

データは誰かの経験・行動・思考の足跡ですから、データを活用することで、多くの人の意見を取り入れながら、私たちの暮らしを良くすることができるというわけです。

面白いなー。今まで私、「どこそこの降水量は」とか「輸入と輸出が」みたいなグラフって、暗記モノだと思ってたけど、違うんだ。

そこから、ものごとの特徴・傾向や問題を見つけることが大事なんだよね。

その通りです。二人とも、たった１日で進歩しましたね！第二日もさらに、ステップアップしていきましょう。

第二日

中学校レベルのデータ活用

1時間目 相対度数と累積相対度数

2時間目 標本調査

3時間目 標本誤差と正規分布

1時間目 相対度数と累積相対度数

この時間の目標

「度数分布表」を活用して、需要予測してみよう！

キーワード □パレート分布 □ABC分析

相対度数と累積相対度数、どう使う？

第二日は、「中学校で習うレベルの知識でできるデータ活用法」についてお話しします。

いよいよ難しくなってくるんでしょうか？

ご心配なく。内容は前回の延長線上ですし、量も小学校レベルより少ないです。
中学では算数から数学になって、データ活用のほかにも新しく学ばないといけないことが多いですからね。

「マイナス」とか「方程式」とかね。たしかに、データ活用はまだそんなに出てきてないです。

だよね。１時間目で扱う「相対度数と累積相対度数」は習った？

一応習いました。でもこれ、第一日にも出てきましたよね。

そう、度数分布表のときに説明しましたね。でも実は、学校で習うのは中学生になってからです。ビジネスシーンではほとんど一

緒に使うので、ややフライングしちゃいました。ところで、相対度数と累積相対度数ってどんな風に使えばよいかわかりますか？

え～なんだっけ。授業ちゃんと聞いてなかった。

ダメだな～もう。(笑)

お父さんはどうですか？　**相対度数と累積相対度数はビジネスシーンでの「活用しどころ」がたくさんあるんですが、どんなときに使うと思いますか？**

え～？　活用しどころ、あったっけ？

ダメだな～もう（笑）。

というわけで（笑）、相対度数と累積相対度数の活用法、行ってみましょう！

中１で習う相対度数と累積相対度数はビジネスで活用できる

相対度数を「売上予測」に活用する

次ページの表は、ある会社の先月の売上実績と、直近12か月の売上実績です。

先月の売上実績

商品名	売上個数	相対度数（構成比）	累積相対度数（%）
商品A	27	33.8%	33.8%
商品B	23	28.8%	62.6%
商品C	17	21.2%	83.8%
商品D	8	10.0%	93.8%
商品E	4	5.0%	98.8%
商品F	1	1.2%	100.0%
合計	80	100.0%	-

過去1年の売上実績

商品名	売上個数	相対度数（構成比）	累積相対度数（%）
商品B	334	33.4%	33.4%
商品A	286	28.6%	62.0%
商品C	170	17.0%	79.0%
商品D	100	10.0%	89.0%
商品F	65	6.5%	95.5%
商品E	45	4.5%	100.0%
合計	1,000	100.0%	-

売上の個数は、総計80個。構成するのはA～Fの６商品。このうち、売れているもの・いないものがあって、それが相対度数として表されています。

相対度数を足し上げたものが、ご存じ累積相対度数。80個全部で「100%」になることは、47ページで述べた通りです。

Q さて、ここで問題です。**来月の販売数目標が総計100個だったとします。ならば、商品A～Fを何個ずつ発注すれば良いでしょうか？**

注）実際の目標は販売個数ではなく、商品価格などを考慮した売上金額になることがほとんどですが、内容をわかりやすくするために、個数を例に解説しています。

答えを出す手がかりとして、まずは左右の表を見比べてみましょう。

売れた順が、少々入れ替わっているのがわかるでしょう。直近１か月（左表）ではA、B、C、D、E、Fと並んでいる順番が、過去１年（右表）で見るとB、A、C、D、F、Eの順です。

相対度数を比較すると、ここひと月、BとFは伸び悩んでいますね。

そうですね。以上を踏まえて、立てうる方針は３つあります。

①「先月(左表)の相対度数×100」を発注する

ここ１か月の売上傾向が来月も続くと見たときは、Ａが34個、Ｂが29個……と、相対度数に100をかけて、総計100個となるよう発注をします。

ただしこの方法は、直近の流れに「引っ張られ過ぎる」のが懸念点です。**商材にもよりますが、売行きは季節性などの影響もあって毎月変動するもの。予測が大きく外れるリスクがあります。**

②「過去１年(右表)の相対度数×100」を発注する

より長い実績にのっとって、過去１年の相対度数×100を発注する手もあります。この場合、Ｃが17個、Ｄが10個といった具合です。このアプローチは大外れするリスクは小さいものの、少々、狙いが定まりきらない感もあります。**直近で大きなビジネスの環境変化、トレンドの変化が起きていた場合、その変化を盛り込みきれず、機会ロスが生まれます。**

③「先月と、過去１年の相対度数の単純平均×100」を発注する

こちらは①と②の間を取った形です。**それぞれの傾向が適度に中和され、双方目配りのできる数字となります。現場の実感としても、この方法が最も「当たる」ように思えます。**

たとえば、Ｂならこうなります。

28.8%（先月）＋33.4%（過去１年）÷２＝31.1% ≒31個

なお、この例では「先月と過去１年」を比較しましたが、売上傾向が変わりやすい商品ならば「先月と過去３か月」という風に、刻みを細かくするのが得策です。

いずれにせよ、**相対度数は「売れる確率」を反映する**、ということを覚えておきましょう。

数字を見ると、「来月もたぶんこれくらい売れる」とわかるんだ。

これ営業にも欠かせないな。カンだけじゃダメだ。

相対度数＝「売れる確率」と考えれば、商品発注の指標になる

累積相対度数を「売上予測」に活用する ──パレート分布

売上予測は、累積相対度数を使って立てることもできます。

112ページと同じ表を使って、同じ問いを立ててみましょう。

Q 来月の全体の販売数目標は100個。 商品A～Fを何個ずつ発注すれば良いでしょうか？

先月の売上実績

商品名	売上個数	相対度数（構成比）	累積相対度数（%）
商品A	27	33.8%	33.8%
商品B	23	28.8%	62.6%
商品C	17	21.2%	83.8%
商品D	8	10.0%	93.8%
商品E	4	5.0%	98.8%
商品F	1	1.2%	100.0%
合計	80	100.0%	-

過去1年の売上実績

商品名	売上個数	相対度数（構成比）	累積相対度数（%）
商品B	334	33.4%	33.4%
商品A	286	28.6%	62.0%
商品C	170	17.0%	79.0%
商品D	100	10.0%	89.0%
商品F	65	6.5%	95.5%
商品E	45	4.5%	100.0%
合計	1,000	100.0%	-

約80%！→重点発注

先月のデータと過去１年のデータ、双方の累積相対度数をよく見てみましょう。**双方とも、商品A、B、Cの３つが全体のほぼ80%を占めている、という傾向は同じです。**

ならば、この３商品の品切れは絶対に防ぎたいところ。**そこで商品A、B、Cに関しては、左右の表のうち、相対度数の多いほう（この例では「先月の売上実績」）の数字を採用しよう、という方針が考えられます。**

では、残り20%を占めるD、E、Fはどうすべきか。過去１年の相対度数を見ると、大体２：１：１になっています。なので、２：１：１で発注しておけばOK、となります。

このように、**累積相対度数は「重点商品に注力して発注をかける」という判断に活用できます。これは「パレート分布」という考え方を応用した手法でもあります。**

たとえばECサイトでものを売る際、**「売上上位20%の商品が、売上全体の80%を占めることが多い」**という現象があります。

売上に限らず、ほかの場面でもしばしば登場する現象なのですが、これを**「パレート分布」**と呼びます。このケースでは商品数は６種類だけですが、実際の会社では100種類、200種類に上ることも少なくありません。そうしたときに、相対度数で全商品の発注数を決めていくとなると、少々作業が細かくなりすぎます。ですから**「上位20%を多めに発注」という手法を定番にしておくと良いのです。**

累積相対度数、便利！　相対度数を足しただけじゃん、とか思ってた。

累積相対度数は「重点発注商品の判断」に活用できる

累積相対度数がわかると「ABC分析」ができる

多くの商品を扱うビジネスではしばしば、「ABC分析」という手法が使われます。これも累積相対度数を用いた「重点商品の特定」を目的としたものです。

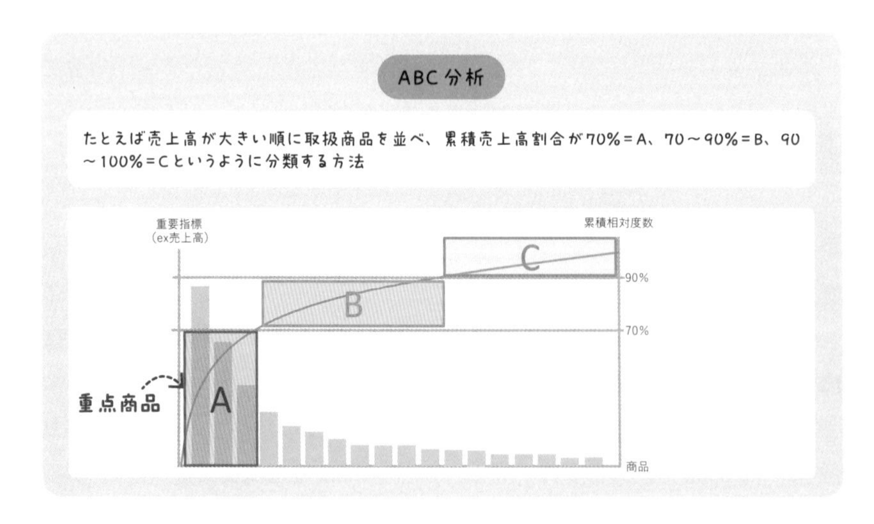

棒グラフは、売上高が高い順番に商品を並べたもの。

そして、曲線は累積相対度数です。**このケースでは、上位３つの商品が売り上げの70%を占めていることがわかりますね。これが、もっとも注力したいＡエリアです。**

次いで、残り30%のうちの20%、つまり累積相対度数70～90%を占めるのがＢエリア。４位～11位の商品がここに該当します。それ以外の商品は、売上をすべて足しても全体のうち10%です。

ABCの分け方は、この例のように「７：２：１」にすることもあれば、「６：２：２」にしたり、パレート分布に則って「８：１：１」にしたりと、自由です。そこは会社の方針や商材によって変わります。

ほか、Ａエリアを占める商品群が非常に多い場合 ── たとえば50個くらいあるなら、その全部に注力するのは非効率ですね。そんなときは、**上位10個くらいに重点商品を絞り込みます。**結果、累積相対度数は50～60%程度に落ちますが、実務上はそのほうが有効です。

ABC分析って聞くと小難しい印象だけど、簡単なんだな！

累積相対度数は、
重点商品群を見つけ出すのに最適

1時間目のふりかえり

面白かった～！　パレート分布とかABC分析とか、カッコいい言葉がいっぱい。

学校では累積相対度数は教えても、パレート分布は教えないのか……。

ビジネスでよく使うし簡単だから、教えてもいいと思うんですけどね。

なんて言って、お父さんもよくわかってなかったくせに(笑)。

だからこそさ。次の世代は、社会ですぐ使えるデータ活用を習ってほしいな。

おっしゃる通りです。教科書には残念ながら、ビジネスシーンを想定した例や知識は出てこないんですよね。

どうしてだろう？　子供でも、説明してくれたらわかるのになあ。

教科書を見ていると、学問的なわかりやすさは素晴らしいんです。非常によく工夫されている。それだけに、もったいないですね。

授業で教える先生方も、ビジネスパーソンではないから仕方ないかも。今後、理論と実用がもっとつながるとい

いな。

ホントホント。「仕事でこんな風に使える」ってこと、どんどん教わりたい。1時間目だけでもう、「デキる女」になれる道が見えたよ、私。

素晴らしいですね。社会とつながり、将来とつながる知識、もっともっと学んでいきましょう！

2時間目 標本調査

この時間の目標
標本調査と全数調査の違いを知ろう！

キーワード ☐標本調査 ☐全数調査

標本調査の代表格、「視聴率」

2時間目は、標本調査について学びます。その代表例が、テレビの視聴率です。

3％で大爆死、とか言われちゃうやつ。

視聴率を調べているのは「ビデオリサーチ」という会社なんですが、そのデータによると**2022年の個人視聴率ナンバーワンは、サッカーワールドカップの日本×コスタリカの２戦目。30.6％だったそうです。**

観た、観た！

ところで、視聴率には様々な種類があるってご存じでしたか？

今、個人視聴率っておっしゃいましたね。あと、世帯視聴率ってのも聞いたことがありますけど。

その通り。**個人視聴率とは、世帯内４歳以上の家族全員の中で、誰がどのくらいテレビを見たかを示す割合です。世帯視聴率は、**

テレビ所有世帯のうちどれくらいの世帯がその番組を観ていたかを示す割合。原則的に、世帯視聴率のほうが高くなります。

なんでですか？

たとえば、10世帯40人を集計対象として、ある番組の視聴状況が3世帯で、かつ8人だった場合で考えてみましょう。世帯視聴率は3÷10で30%ですね。対して個人視聴率は、8÷40で20%になる、というわけです。

個人視聴率：世帯内の4歳以上の家族全員の中で、誰が・どのくらいテレビを視聴したかを示す割合

世帯視聴率：テレビ所有世帯のうち、どのくらいの世帯がテレビを試聴したかを示す割合

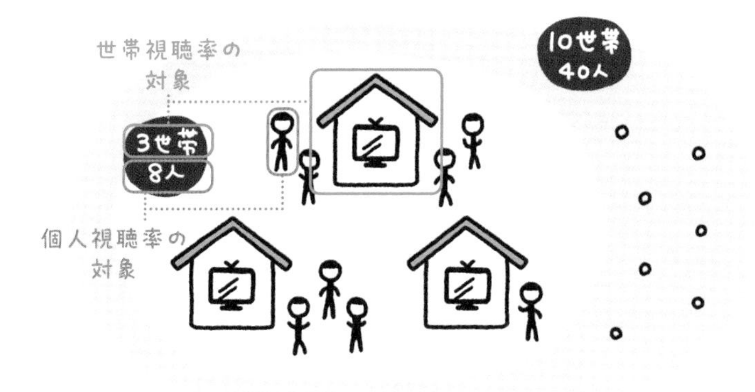

そうか。世帯視聴率なら、観たのが一人だけでも1世帯とカウントされるから。

そうです。ちなみに関東地区の１都６県での「視聴率１％」は、およそ42.2万人が観ていたと推定されるそうですよ。

そんなに見てるんだ！　３％なら130万人くらいになるから……爆死なんて言っちゃかわいそう。

ですよね。なお、リアルタイム視聴率とタイムシフト視聴率というのもあります。

リアルタイム視聴率は、据置型テレビで放送と同時に観られている割合。でも今はもう録画や動画配信で観る人が多いので、「放送開始から７日以内に観られた視聴率」も集計します。こちらがタイムシフト視聴率。

色々ありますねえ。

さて、前置きが長くなりましたが、**この視聴率調査は、標本調査です。**

前置きだったんですか！

忘れてた、２時間目のテーマはそれだった。で、標本調査って……？

はい、では本題、参りましょう！

標本調査とは何か

　標本調査とは、集団の一部分を取り出して、その部分を調査し、集団全体の傾向を推測する調査のことです。

標本調査とは

集団の一部分を取り出して調査し、集団全体の傾向を推測する調査

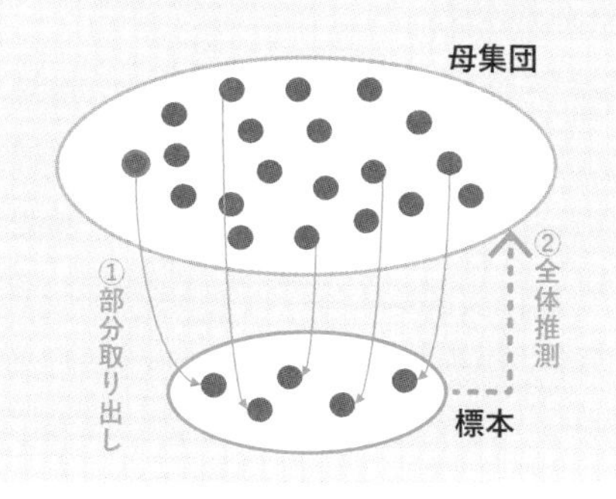

母集団：標本調査において、傾向を知りたい集団全体

標本：母集団の一部分として取り出し、実際に調べるデータ群

標本の大きさ：抽出したデータの個数（サンプルサイズ）

標本調査において、傾向を知りたい集団全体のことを「母集団」と言います。日本全国のことを知りたいならば日本居住者全員、会社全体の傾向を知りたいなら社員全員が母集団です。

母集団の全員に、アンケートやインタビューをするとなると、あまりに大変です。そこで、**一部分を取り出して調査をします**（①）。**そうして、たとえば代表値や度数分布などの特徴を確認し、「きっと母集団もこういう傾向になっているに違いない」と推測する**わけです（②）。

この一部分のことを、「標本」と言います。そして、**標本に含まれるデータの個数を、「標本の大きさ」と言います。**英語で言うと「サンプルサイズ」、略してSSと記されます。

前述の視聴率も、標本調査の代表例です。関東、関西などのエリアごとに、視聴率調査の対象となる世帯が選び出されています。ビデオリサーチによると、国勢調査の統計情報を基に、無作為抽出により基準世帯を抽出しているとのこと。

対象となった家庭では、視聴率を測定する「ピープルメーター」という機械をテレビに設置します。機械にはその世帯の4歳以上の成員一人ひとりの

ボタンがついていて、テレビを観るときは必ず、各人が自分のボタンを押してから観るのが鉄則。それを52週間、毎日必ず行うので、対象となった家庭はなかなか大変ですね。

地道な作業だなー。スマホなら閲覧履歴とか時間とか、わかるのにね〜。

数が非常に多い全体の傾向を推測する際には、標本調査が役立つ

標本調査の反対は「全数調査」

標本調査と反対に、対象となる集団の全員に調査をかけるのが全数調査です。

全数調査は、社会的に重要なことや、全員調べないと意味がないことについて行われます。

たとえば国勢調査。 5年に1回、日本中すべての世帯が、政府のアンケートに答えますね。その調査結果は、国が取り扱うすべての情報の基盤となります。

全数調査	
国勢調査	通信簿
健康診断	ストレスチェック
手荷物検査	従業員満足度調査

国勢調査って書くの面倒だけど、大事な調査なんだな。

ほか、全員調べないと意味がないものと言えば、学校の通信簿。はたまた、健康診断や空港の手荷物検査など、健康・安全に関することについても、全数調査が行われます。会社のストレスチェックや、従業員満足度調査もしかりです。

逆に言うと、そうした「とても大事なこと」以外の調査は、ほとんどが標本調査です。

全数調査と標本調査にはそれぞれ、以下のようなメリットとデメリットがあります。

全数調査と標本調査

	全数調査	標本調査
手間	母集団の大きさに比例 （大変な手間がかかる）	標本設計でコントロール可能
品質	高い	バラツキが大きい （全数調査よりは劣る）
費用	高い	標本設計でコントロール可能
スケジュール	母集団の大きさに比例 （長いスケジュールが必要）	標本設計でコントロール可能 （Web調査なら数日の場合も）
実現可能性	母集団が一定規模以上の場合、 現実的には不可能な事が多い	調査設計の工夫で、 何らかの調査は実施可能

全数調査のデメリットは、手間がかかること。規模が大きいぶん調査完了までの期間も長く、費用もかさみます。ちなみに直近の国勢調査にかかった経費は、なんと720億円だそうです。

しかし手間とコストをかけるぶん、情報の精度や信頼性は高くなります。

対して**標本調査は、手間とコストを調査者がコントロールできます**。調査の「大変さ」は、母集団が大きいほど増します。標本調査でも1万人なら大仕事ですが、100人なら1週間もあれば十分。とはいえ、言うまでもなく、全数調査に比べると、情報の精度は落ちます。また、標本を適切に抽出できているか否か、すなわち母集団と同じ特徴を備えた標本となっているか、という点にも注意が必要です。

全数調査とは、調査の対象となる集団全部について調査すること。全部調べないと意味がない（社会的問題が大きい）内容で活用する

 2時間目のふりかえり

いや～、視聴率の取り方ってなんとなくは知ってたけど……こういう方法を「標本調査」って言うんだ、ってことを初めて知りました。

通信簿も標本調査だったらいいのにな～、って、それじゃ成績データがないから高校に進めないか（笑）。

健康診断もそうですね。将来の寿命や、年金・医療費・福祉関係費など必要な社会保障費の算出に関わってくるから、全員調べないといけません。

先生、私、今回の話はまだ習ってないです。何年生で出てくるんですか？

中３で出てきます。教科書に載っているのは、今、話したような全数調査と標本調査の概念と、あと、ちょっとした練習問題ですね。

練習問題って？

たとえば、標本の適切な取り出し方について。
「ある中学校の全校生徒300人から30人を選んで、昼休みに流してほしい卒業ソングを調査するとき、30人をどのように選べばよいでしょうか」みたいな問題がありますね。
（引用：令和４年発行版『新しい数学 3』〈東京書籍〉）

一足先に知って得した気分！

ところで先生、たいていの調査は標本調査だ、っておっしゃってましたね。で、精度は全数調査ほど高くはない、とも。それってどれくらい、高くないんでしょう？

大事なポイントです。そこには、中学の教科書には載っていない「標本誤差」という考え方が関わってきます。これを知っておくとビジネスシーンで役立つので、３時間目は、その話題で行きましょう。

社会人の知恵も一足先に……100歩先に聞いちゃおう！

3
時間目

標本誤差と正規分布

この時間の目標
標本誤差と正規分布の考え方を理解しよう！

キーワード　標本誤差早見表　☐サンプルサイズ　☐正規分布

標本調査には誤差がある

2時間目を学んだ二人は、もう気づいているかもしれませんね。
標本調査には必ず、誤差が発生します。

誤差だって!?

実際と、ちょっとズレるってこと？

その通り。標本調査は、母集団から部分を抽出して全体を推測する、という方法でしたね。
推測ということは、**標本調査で得られた数字と、母集団における数字にはズレが生じる**ということなんです。このズレのことを「**標本誤差**」と言います。
そのことを踏まえて、こちらをご覧ください。

標本誤差早見表

横に足すと100になる

(標本の大きさ) (%)		標本誤差(単位は%)※95%の信頼区間										
		50	100	150	200	250	300	400	500	1,000	2,000	3,000
1	99	2.8	2.0	1.6	1.4	1.2	1.1	1.0	0.9	0.6	0.4	0.4
5	95	6.0	4.3	3.5	3.0	2.7	2.5	2.1	1.9	1.4	1.0	0.8
7	93	7.1	5.0	4.1	3.5	3.2	2.9	2.5	2.2	1.6	1.1	0.9
10	90	8.3	5.9	4.8	4.2	3.7	3.4	2.9	2.6	1.9	1.3	1.1
15	85	9.9	7.0	5.7	4.9	4.4	4.0	3.5	3.1	2.2	1.6	1.3
20	80	11.1	7.8	6.4	5.5	5.0	4.5	3.9	3.5	2.5	1.8	1.4
25	75	12.0	8.5	6.9	6.0	5.4	4.9	4.2	3.8	2.7	1.0	1.5
30	70	12.7	9.0	7.3	6.4	5.7	5.2	4.5	4.0	2.8	2.0	1.6
35	65	13.2	9.3	7.6	6.6	5.9	5.4	4.7	4.2	3.0	2.1	1.7
40	60	13.6	9.6	7.8	6.8	6.1	5.5	4.8	4.3	3.0	2.1	1.8
45	55	13.8	9.8	8.0	6.9	6.2	5.6	4.9	4.4	3.1	2.2	1.8
50	50	13.9	9.8	8.0	6.9	6.2	5.7	4.9	4.4	3.1	2.2	1.8

誤差小さい

誤差大きい

サンプルサイズ:小　誤差は大きくなる

サンプルサイズ:大　誤差は小さくなる

な、何これ……。

謎の表に見えますよね。これは「標本誤差早見表」と呼ばれるものです。

これで「早見」？（笑）。

まあまあ。見方を説明しますと、まず**横軸（標本の大きさ）は、サンプルサイズ（ss）です。**

50、100、……3,000ぐらいまである。

そうです。で、縦軸は二列ありますね。これを横に足すと100%

になります。

ああ、本当だ。これは何ですか？

たとえば標本調査でアンケートを取って、回答結果を集計すると「Aが何%」のように数字が出てきますね。その数字が、ここに当てはまります。

ん？　難しい……。これ、なんで二列あるんですか？

これはね、**1%と99%で起きる誤差は同じ**ですよ、ってこと。10%と90%もそう。だから、同じところを見ればいいんです。20%と80%、30%と70%もね。

ああ～、そういうことか。

実際に見てみましょう。たとえばある集計結果で、50%という数字が出てきたとします。かつ、サンプルサイズが50だったとします。その場合……13.9の誤差が起こる。つまり、**標本では50%という結果が出たけど、母集団を推測する値としては、プラスマイナス13.9%の幅があると考えてね、ということです。**

え？　63.9%（50+13.9%）かもしれないし、36.1%（50-13.9%）かもしれない？

そういうことです。

え～！　誤差ありすぎ。

先生、そもそもこの早見表の数字って、どのくらい信用していいのでしょうか？

いい指摘ですね。では、より詳しく説明していきましょう。

標本から母集団を推測すると必ず誤差（標本誤差）が生まれる

サンプルサイズが大きいほど、誤差は小さくなる

表の上部横に「95％の信頼区間」という語句がありますよね。

これは、**母集団の分布が正規分布にしたがうと仮定して、無作為に（完全にランダムに恣意なく）100回の標本抽出を行えば、95回はこの誤差の範囲におさまります**、という意味です。

たとえばサンプルサイズが1,000で、「買いたい」という答えが50％なら、誤差は3.1。つまり46.9％～53.1％の幅のなかに、95回は入りますよ、ということです。

まぁ、厳密にはこの表現だとちょっと違うのですが、気にしなくて良いです。

「95％の信頼区間＝信頼して良い数字だから大丈夫」とだけ覚えておけば良いです。

承知です！

さてこの標本誤差、先ほど登場したサンプルサイズ50のときの「13.9」よりも、サンプルサイズ1,000のときの「3.1」のほうが、ずっと小さいで

すね。このように、**サンプルサイズが大きいほど、誤差は小さくなります。標本調査の品質を担保するために、できるだけサンプルサイズを大きくしたいところですが、お金も手間もかかるので、誤差が５％以下になる400は確保したいところですね。**

もう一つ、誤差には面白い傾向があります。

縦方向に数字をたどっていくと、下にいくほど数字が大きくなっていますね。つまり**「50／50」の誤差は大きく、「１／99」の誤差は小さいのです。**

１％や99％という結果は、顕著な傾向を表している可能性が高いので誤差は小さく、50％だと文字通り「五分五分」、どちらに転ぶかわからないので、そのぶん誤差も大きくなるって考えると、覚えやすい。

たくさんの人に聞くほど正確な調査になる、っていうのは、なんか納得。

「五分五分」に近付くほどぼやける、ってのもわかるなあ。

標本誤差早見表を使えば、信頼できる調査かどうかが一発でわかる

世の中はみんな正規分布？

先生！さっき、標本誤差早見表の説明のときに、「母集団の分布が、正規？分布？にしたがうと仮定してうんぬんかんぬん……」とか言ってましたよね？（P.131）　ちょっと何言っているかわかりませんでした。

あ、気がつきました？　スルーしようと思ったんですけどね。

面倒くさがらないで、教えてくださいよー。ケチ！

（ケチ…。）
いえいえ、ちゃんと後から説明しようと思っていましたよ。
話の流れ的に飛ばしただけで。

本当かなー。

さ、さぁ、では「正規分布」の説明をはじめます。
正規分布というのは、「平均を中心に、左右対称な裾野をもつ、釣り鐘や富士山のような形をした分布」のことです。ま、実物を見るのが一番なので、こちらを見てください。数字やらσやらが書いてありますが無視して、形にだけ注目してください。

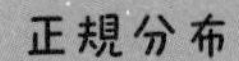

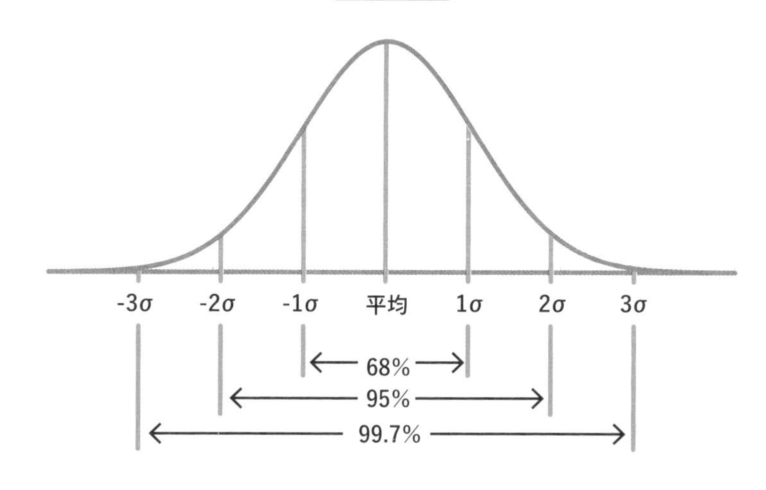

本当に富士山みたいな形だ。

はい、形が富士山みたい、つまり集団のデータ分布が富士山に似ている、ということです。過去の様々な調査の結果、**同性同世代の身長や体重、ある地域の毎年の平均気温、製造工程が同じ製品の重さ、人間の知力や体力、商品やサービスの購入態度など、多くの現象が正規分布することがわかっています。**

へー、そうなんだ。面白い。

で、さっき「95%の信頼区間」を説明したときに、「母集団の分布が正規分布にしたがうと仮定して、無作為に（完全にランダムに恣意なく）100回の標本抽出を行えば、95回はこの誤差の範囲におさまります」と説明しました。

標本調査は、標本の結果から母集団を推測する方法ですが、そもそも母集団がどんな形（分布）になっているかなんて、わかりませんよね？　全数調査できないから、標本調査をしているわけなんで。

でも、そうすると推測の指針をもてないので、**「とりあえず母集団は正規分布するってことにしよう」とする。そう仮定すると、誤差は標本誤差早見表の範囲におさります、という事なんです。**

んー、わかったようなわからないような。

ま、ここは深掘りすると統計学の込み入った話になってくるので、この辺でやめておきましょう。正規分布という存在を覚えておいてください！

**「正規分布」と聞いたら、
富士山の形を思い出そう！**

標本調査ではサンプルサイズを「400以上」

さて、話を標本誤差に戻します。

ではここで、第一日の3時間目で出た、「整っていないグラフ」の一例に、再び登場してもらいましょう。下の図は、整えた後のものですね。

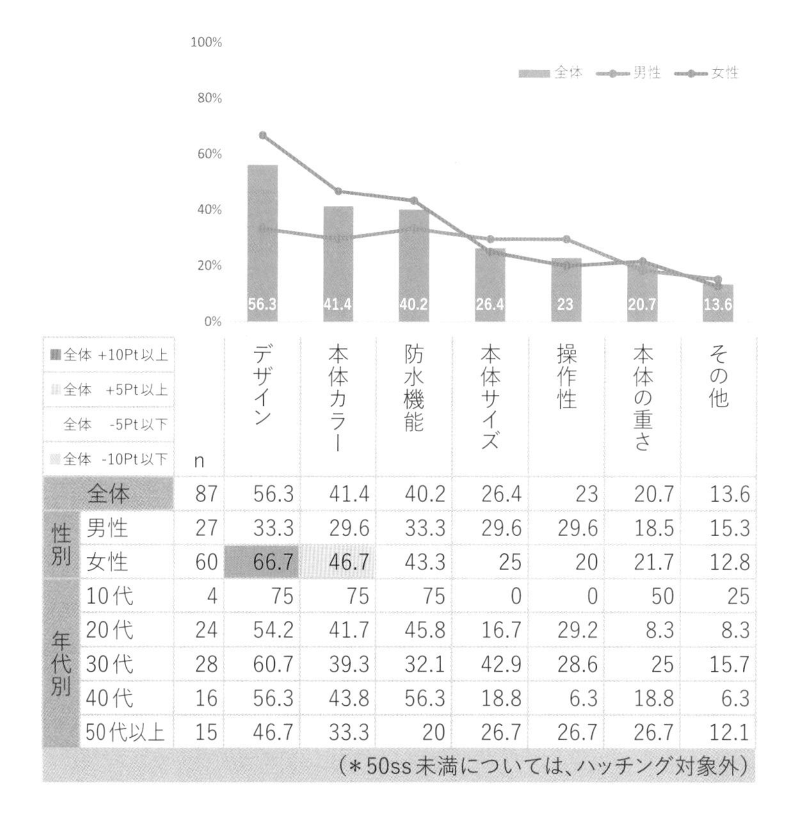

■全体 +10Pt以上
■全体 +5Pt以上
全体 -5Pt以下
■全体 -10Pt以下

		n	デザイン	本体カラー	防水機能	本体サイズ	操作性	本体の重さ	その他
全体		87	56.3	41.4	40.2	26.4	23	20.7	13.6
性別	男性	27	33.3	29.6	33.3	29.6	29.6	18.5	15.3
	女性	60	66.7	46.7	43.3	25	20	21.7	12.8
年代別	10代	4	75	75	75	0	0	50	25
	20代	24	54.2	41.7	45.8	16.7	29.2	8.3	8.3
	30代	28	60.7	39.3	32.1	42.9	28.6	25	15.7
	40代	16	56.3	43.8	56.3	18.8	6.3	18.8	6.3
	50代以上	15	46.7	33.3	20	26.7	26.7	26.7	12.1

（＊50ss未満については、ハッチング対象外）

73ページでも述べた通り、この図の回答者数は総計87人と、非常に少数です。

20代の欄を見ると、「デザイン」を支持している人は54.2%いますが、回答者数はわずか24人。**サンプルサイズ50のときの誤差が13.9%ですから、それよりもっと大きな誤差があることになります**。全体推測するには、非常に不十分なデータだと言えます。

要は、あてにしちゃだめってことじゃん！

今まで、サンプルサイズなんて全然考えないで資料見てた……。

会議でこういう資料を出されたとき、回答者数（＝サンプルサイズ）を見ないまま調査結果を検討すると、無駄な議論で時間を費やしてしまいます。さらに悪くなると、間違った意思決定をして、失敗する可能性が高くなります。

ビジネスの意思決定で活用するには、サンプルは多ければ多いほど望ましいですが、最小でも全体で400のサンプルサイズが必要だ、と私は常々クライアントの方々に話しています。

というのも、性別で分けたり、年齢層で分けたりと、細分化すればその分だけサンプルサイズは小さくなります。一つの分析軸で100を下回らないレベルを保つのが理想なので、やはり全体で400は欲しいところです。

しかし実際のところ、そこまでのサンプルサイズを確保せずに行われている調査は多々あります。こうした「残念なデータ活用」をしないためにも、ビジネスパーソンが標本調査についての知識をもつことは、とても重要です。

「残念なデータ」にダマされないためにも、アンケート結果を渡されたら、「n（回答者数）をチェック」

ワーク

この広告、信じて大丈夫？

Q 下の図は、あるアンケート結果を示した広告です。WEB上に実在した広告宣伝ページを一部加工して載せているのですが……どこが怪しいか、わかりますか？

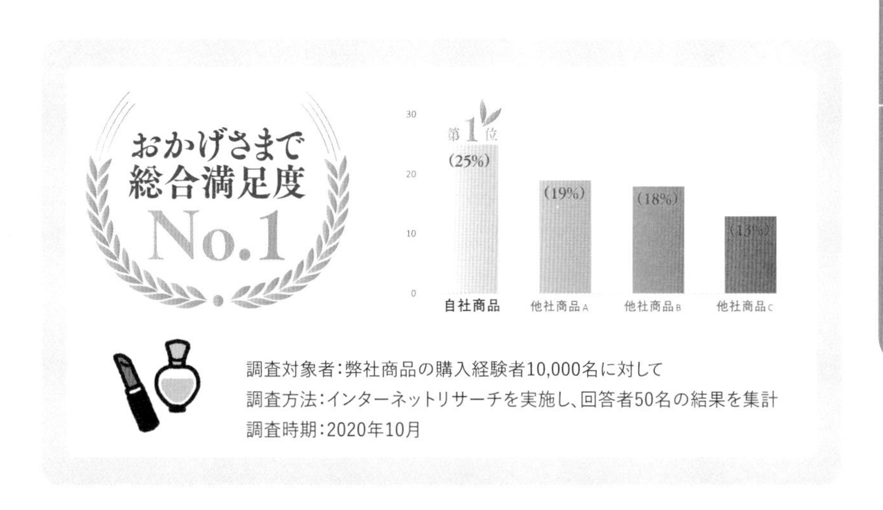

自社製品と他者製品を比較して「総合満足度ナンバー1」と誇らしげに謳（うた）う、よくある形式の広告です。

しかし**この調査は、控えめに言っても「ツッコミどころ満載」**です。

ツッコミ1

まず、**回答者数**。「自社商品の購入経験者1万人に対してインターネットリサーチを実施し、**回答者50名の結果を集計した**」とありますね。

標本誤差早見表で見てみると、サンプルサイズが50名で、結果が25％ですから、誤差は12.0。従ってこの25％は13％にも37％にもなりうる数字です。

ツッコミ2

次に、母集団。**「自社商品の購入経験者」とあります。ならば他社商品より、自社商品に好意的になる可能性が高い。**母集団が、すでに偏っているのです。

ツッコミ3

そして、母集団１万人に対して、回答者は50名。**回答率わずか0.5%**です。

さらに、この回答者の人たちは１万人からランダムに抽出したわけではなく、「わざわざ答えてくれた人たち」です。購入した商品の企業から依頼されるアンケートに回答する人たちは、ポジティブかネガティブに偏っている傾向があります。つまり、もともと**偏っている母集団の中でも、さらに偏った人たち**である可能性が高い。

ツッコミ4

まだあります。**比較対象の商品選択肢が適切かどうか、定かではありません**。「他社商品A、B……」とありますが、不人気な商品や、無名の商品と比較している可能性も十分にあるわけです。

ツッコミ5

そして最後に、調査時期。**2020年10月と、数年前のもの**です。「最近の調査結果が使えないから、以前の少々良かった結果を出したのでは」と勘ぐりたくなります。

というわけで、これはきわめて低品質の標本調査、と結論づけることができるのです。

これからコスメの広告見るとき、細か～くチェックしよっと。

回答者がそもそも偏ってるって、ありがちなズルだな～。

標本調査の知識があると、
広告にダマされなくなる

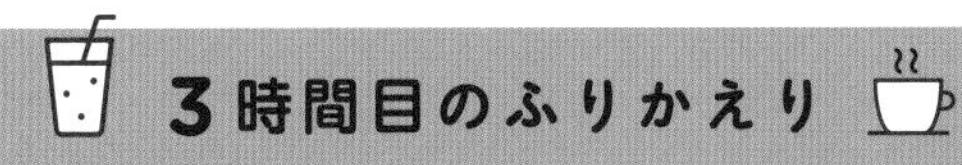

3時間目のふりかえり

「ダマされない」系の話は、やはり毎回盛り上がりますねえ。

ホントだね〜。会社の資料だけじゃなくて、広告のズルも見抜けるから、普段の生活にも役立つよね。

最後の広告なんて、本当にひどかったですよね。ちなみにあのツッコミは全部、これまでの授業で出てきたことです。習ったことが身につけば、お父さんもマナちゃんもバンバンツッコめますよ。

へへっ！　まず数字をひと通り見て「回答者数少なっ」って思ったもんね。

まず数字を疑う。いい心がけです！

数字は大事だって、僕もすごく実感しました。それも回答者数やパーセンテージだけじゃなくて、日付も。「調査時期がやたらと古い」って、たしかに信頼性がゆらぎますもんねえ。

うんうん。お父さんも着実に数字に慣れてきてますね。

でも先生、実際のビジネス現場でも、イマイチな標本調査がたくさんあるんでしょう？　あの話、なんか残念だったなあ。

そうだよね……。データ活用をきちんとできる人が増えていかないとね。マナちゃんの世代に期待ですね。

わ～、頑張ろう。

僕も頑張ります。遅ればせながら（笑）。

はい、これで第二日の中学生レベルのデータ活用は終了です。

え、もう終わり？　第一日に比べてだいぶ少ないな。

教科書には、四分位範囲や箱ひげ図なども載っていますが、知らなくても大丈夫なので割愛しちゃいました。だって私、20年以上ビジネスやってますけど、一度も使ったことないですから。

なんですと!!

第三日

ビジネスにおけるデータ活用の超基本

1時間目　データ活用の基本的な流れを理解する

2時間目　データ活用企画の具体例

3時間目　仮説と比較の重要性

4時間目　非専門家に必要なデータ活用スキル

データ活用の基本的な流れを理解する

この時間の目標　イケてるデータ活用の流れと企画の大切さを理解しよう！

キーワード　□データ活用企画　□問題発見力と課題設定力　□データ収集方法

既出の「データ活用の流れ」はイマイチだった!?

いよいよ第三日です。ここからエンジンかけて参りますよ！

今まではかかってなかったんですか？　もうかなり走ってきた気がするんですが。

いやいや。二人は今、スタートラインに立ったところです。

ええ～!?

ここからは教科書を離れて、本格的にビジネスでのデータ活用の話をします。大丈夫、専門用語は出てきませんから。

よかった……。

でも、もう一回「え～!?」って言われちゃうかも。ちょっとこの図を見てください。

基本的なデータ活用の流れ

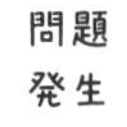

問題発生 → データ収集 → 集計(数値化) → 分析・解釈 → アクション

第一日に出てきた「基本的なデータ活用の流れ」ですね。

実はこれ、ちょっと不十分というか、イマイチな図だったんですよ。

ええ～!?　今言う？

ええ～、ですよね（笑）。では次に、改良版を。

基本的なデータ活用の流れ

問題発生 → データ活用企画 → データ収集 → 集計(数値化) → 分析・解釈 → アクション → 問題解決

なんか増えた……。

「データ活用企画」が増えましたね。**データ収集の前には、何の**

ために、どういうデータを集めるか、どう活用するかを考えるプロセスが不可欠です。

あと、アクションのあとに「問題解決」が増えましたね。

そう、これも大事。アクションで終わっちゃダメです。発生した問題が解決しなければ意味がないでしょう？

たしかに。その場合はやり直しですか？

はい、「データ活用企画」に戻ってもう一度。

データ活用企画を間違うと、いつまでもグルグル……。

ね、大事でしょう？　１時間目は、そんなデータ活用企画について話します。

問題解決において、
「データ活用企画」が９割

データ活用企画とは何か？

そもそも、データ活用企画とは何でしょうか。

それは、**「ビジネスの問題解決に向けてデータをどのように活用し、どのようなアクションにつなげるのかを整理した計画」**のことです。

そのポイントは、８つあります。

☑データ活用企画で考えるべき8つのポイント

①	データの活用目的を明確にする
②	ビジネスの問題と課題を明確にする
③	データの問題と課題を明らかにする
④	データ収集をどのように進めるか決める
⑤	データの集計・分析をどのように進めるか決める
⑥	解釈・アクションの仮説→どのように解釈し、どのようなアクションをとれば良さそうか考えておく
⑦	費用はいくらくらいかかるか確認する
⑧	スケジュール→①～⑥をいつまでに完了するのか決めておく

各ポイントについてはこのあと順次説明していきますが、**まず着目していただきたいのは⑥です。企画の段階ですでに、どのような解釈やアクションが良さそうかを考えておくことが必要なのです。**

一般的には ── とくにデータ活用に慣れていないビジネスパーソンは、「まずはデータを集めてみて、後で考える」というやり方をしがちです。

しかし企画段階で、「こういう解釈をして、こういうアクションができそうだな」という方向性をもっておかないと、データを問題解決につなげる、つまり活用はかなり厳しいと心得てください。

⑦の費用と、⑧のスケジュールも見落としがちなポイントです。どこまでお金を使えるか、最初に確認しておきましょう。また、お金をかけてきっち

り調査すればするほど、時間もかかります。①から⑥をいつまでに完了する必要があるかを明確にしておかないと、際限がなくなるので要注意です。

「データを集めて、後で考えるやり方」ではダメ。先にゴール（方向性）をイメージする

①データ活用目的を明らかにする

そもそも私たちは、何のためにデータを活用するのでしょうか。

それは、**「ビジネスの問題解決に向けて、わからないこと・知るべきことをデータで明らかにし、新しいアクションや意思決定につなげるため」**です。

ビジネスには、「わからないこと」が常について回ります（①）。

わからないことだらけだから、何をすればいいかもわからない、動けない。つまり、**「アクションが生まれない」**わけです（②）

アクションが生まれないと解決もなされないので、問題はそのまま残ります。火種が放置されることにより、**いつか「火事」になるかもしれません**（③）。

そんな事態に陥った会社の方に話をうかがうと、たいていの場合、「問題があることはわかっていた」とおっしゃいます。そして、「このままじゃいけないとは思っていたけれど、何をしたらいいかわからなかった」と言うのです。

データを活用して**この「わからない」を、「わかる」へと変えることが大切です。**

マズイと思っていても動けない。まさに「あるある」！

わからないこと、知るべきことをデータで明らかにし、とるべきアクションを定めていく——これが、データ活用の目的

②&③ビジネスの問題・課題——この二つはどう違うのか

データ活用目的を具体化するためには、「ビジネスの問題・課題」と、「データの問題と課題」を整理する必要があります。これが②と③のステップです。

ちょい待ち！　問題と課題って、違うの？

そう、違うのです。

下の図を見てみましょう。

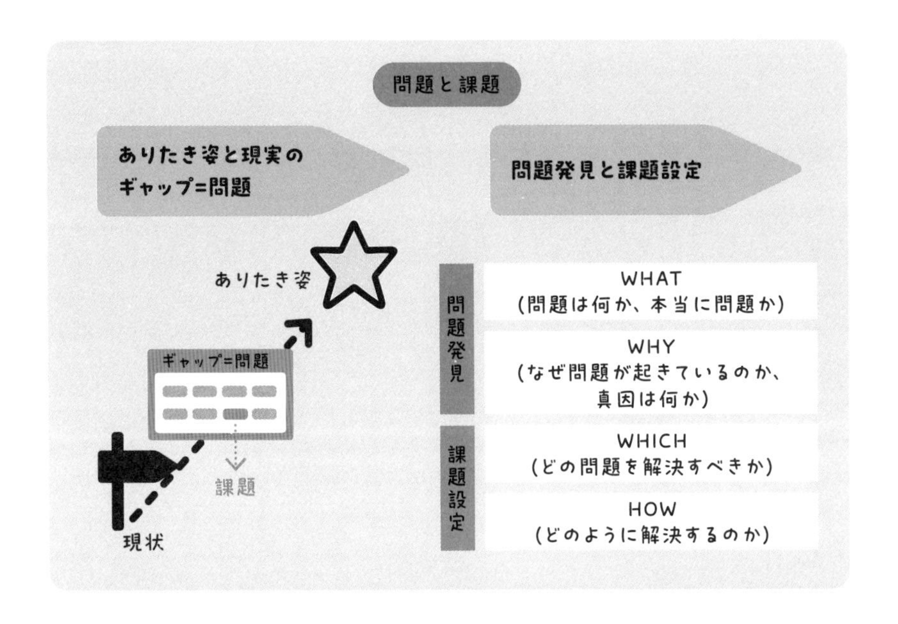

問題とは、「こうありたい、と思う理想の姿」と、「現状」との間のギャップを意味します。

ただし、漠然と「ギャップがあるな」と感じているだけでは不十分。「何が問題なのか」「本当に問題か？」を明らかにしなくてはいけません。

それから、「なぜ問題が起きているのか」を考えることも必要です。問題には必ず、要因があるからです。要因分析などと呼ばれますが、**このように、WHATとWHYを明らかにすることが、すなわち「問題発見」です。**

次いで、**課題設定をします。これらの問題群の中から、「解決すべきものは何か」＝WHICHを考えるのです。**つまり課題とは、「解決すべき」と特定された問題のこと。そして**HOW＝どのように解決するか、も「課題設定」に含まれます。**

問題の中から、「今はこれ」と課題を特定することは欠かせないプロセスです。問題は「理想と現実のギャップ」ですから、無数に発生します。責任感がある人ほど、「すべての問題を解決しよう」というモードになりますが、はっきりいってそれは不可能です。

アクション仮説を考え、解決までのぼんやりとしたイメージをもった上で、課題を絞り込みましょう。

以上が②の、「ビジネスの問題・課題」です。続いて③は、「データの問題・課題」。

データは、今、知らないこと・わからないことを、「知っている・わかる」に導いてくれるものです。

データの問題とは「知らない・わからないこと」。その中から、「今、知るべき」と特定されたものがデータの課題です。「わからないことを何でもかんでも調べよう！」と思っても、やっぱり無理な話です。時間もお金も足りませんし、無駄なことも多いもの。集め方のイメージをもった上で、知るべきことを絞り込むこと、つまりデータの課題設定が重要です。

「データの問題」って、データそのものに欠陥があることを指す言葉かと思いました。

そうですよね……。他にも、「認識の問題」や「無知の整理」など色々考えたのですが、なんだか堅苦しい感じがするので止めました。ここでは、「データの問題＝わからないこと」「データの課題＝知るべきこと」だと理解してください。

数ある問題の中から、「今、解決すべきはこれ」と課題を特定する「課題設定」は超重要

④データの収集
——知りたいことに合わせてデータを選ぶ

次は、「どのようなデータを集めればよいか」を考える段階です。

最初のオリエンテーションで述べたように、データには様々な種類があります。②③で「知るべきこと」を明確にしているので、この中からどれを選べばよいかは必然的にわかります。

それぞれのデータの特徴を、簡単に説明しておきます。

様々なデータの種類

顧客データ

顧客管理システム・案件管理システム等で管理されている、顧客とのビジネス活動に関するデータ。売上実績、属性情報、商談履歴など

ウェブサイトデータ

企業サイトの閲覧履歴、問い合わせフォームへの入力情報、ECサイトの購買履歴など、Webサイト上の活動履歴データ

オペレーションデータ

業務システムの操業・操作・エラーの履歴データなど、日々の業務遂行の活動履歴データ

スマートデバイスデータ

スマートフォン・タブレットなど、スマートデバイス上の操作履歴やアプリの起動状況などのデータ

従業員データ

労働時間・給与・人事考課結果・健康診断結果・社内アンケート回答など、従業員個人に紐づく人事・労務関連のデータ

アスキングデータ(Asking data)

インターネットリサーチ・インタビュー・アンケートなど、質問項目へ人が回答する形式で得られるデータ

顧客データ

顧客データは社内に記録があります。**今どきの会社なら、デジタルベースの記録でしょう。**とはいえ入力するのは人間なので、売上実績はともかく、細かな顧客属性や商談履歴がリアルタイムで正確に入力されているかどうかは、個人の「マメ度」に左右される傾向も。

オペレーションデータ

メール・チャット・電話による問い合わせ対応の履歴や、工場に設置された機械の操業状況など、日々のオペレーションに関するデータです。

操作や操業の履歴なので、オペレーション実態を正確に把握しやすいのが特徴。ただし、すべての業務がシステム化されていない場合は、歯抜けデータとなるので要注意。

従業員データ

人事や労務がもっているデータです。従業員一人ひとりの心身の状態やパフォーマンス度合いを把握できるデータが集まっています。実は価値あるデータが多いですが、ローデータの形式がバラバラで、活用しにくいのが難点。

ウェブサイトデータ、スマートデバイスデータ

Googleでの検索履歴、Amazonや楽天での商品閲覧や購買の履歴、アイフォンを起動していた時間や使っているアプリなど、様々なデータがブラウザ・PC・モバイルデバイスなどに蓄積されています。が、**これらのデータは基本的に一般公開されていません。入手できる場合も、非常に高価かつデータも限定的です。**よくメディアに登場する、GAFAM（Google, Amazon, Facebook, Apple, Microsoft）がデータを牛耳(ぎゅうじ)っている問題ですね。

アスキングデータ

インタビューやアンケートなど、回答者に質問することで得られるデータ

を「アスキングデータ」と言います。きちんとしたインタビューをするなら綿密な準備が要りますし、アンケートも同様に、対象者を適切に選び、良い設問を設計するとともに、一定数以上の回答者を得ることも必要です。前述の通り、サンプルサイズが小さいと信頼に足るデータにはならないからです。**アスキングデータの収集には手間暇がかかりますし、収集にスキルが必要ですが、その分、知りたいことを柔軟に知れるというメリットがあります。**

なお、どのデータを集めるかを決めるときは、⑦の費用や、⑧のスケジュールも視野に入れることが大切です。使えるお金と時間の範囲内で、最大限、精度の高いデータ収集ができるように計画を立てましょう。

データってたくさん種類があるんだなー。ぜんぜん知らなかった。

ここで紹介したのはほんの一部ですよ。
存在を知らないと、探そうとも思わないよね？　だから知っておくことは大事。

ウチの会社は予算に厳しいから、データ収集にお金をかけられる気がしないなぁ。

無料で集められるデータもけっこうありますよ。オープンデータといって、企業・調査会社・公共機関・個人などの情報を発信する人たちが、引用元を明示するなど最低限のルール遵守を前提に、無料で公開しているデータがあります。ウェブ検索で得られる情報や図書館の本なんかもそうですね。

目的だけでなく費用・スケジュールを加味しながら、どのデータを使うかを決める

データ活用企画を立ててみる――営業プロセスの改善

ここからは、より具体的なイメージをつかんでいただくために、事例ベースで説明しましょう。**データ活用企画を考えるときは、①~⑧を「企画書」として整理します。**

下の文書は、ある会社がデータを活用して「法人営業のプロセス改善」を目指した際につくった企画書です。

①データ活用の目的	自社の営業力の改善点を把握し、今四半期中に実行できる営業改善アクションを決定すること
②ビジネスの問題	達成率が約56%で大幅未達(新規顧客開拓目標34件、実績19件)
③ビジネスの課題	複数の未達成要因が考えうるが、今回は「営業力の改善」にフォーカス
④データの問題	現状、手元にある情報は営業担当者からの未達成要因報告のみ。「営業活動のどこに問題がありそうか」や顧客からの評価などがわかっていないこと。市況や競合動向も不明
⑤データの課題	市況や競合動向はさておき、自社の営業実績を確認し、改善点を抽出
⑥データの収集	営業企画に問い合わせて、ローデータの抽出依頼
⑦データの集計・分析	Excelの単純集計・ピボットテーブルによるクロス集計
⑧アクション仮説	見積もり提出後のフォローアップコールの強化が必要と仮説
⑨費用	予算はなし
⑩スケジュール	1か月後の営業部会で分析結果を発表

データで明らかにすべきことは**「自社の営業力の改善点」**であり、きちんとアクションにつなげることまでを、データ活用の目的にしていますね（①）。ビジネスの問題は、目標達成率が56％＝新規顧客が15件不足していること（②）。大幅未達なので大問題であり、商品・営業やマーケティング・チャネルなど様々な要因が考えられますが、今回は、営業力の改善にフォーカスして課題設定しています（③）。

データもかなり問題アリです。わかっていることは、営業担当者からの未達成要因報告のみ。顧客の反応も、市況や競合の動向も不明。要は「わからないことだらけ」です（④）。

とはいえ前述の通り、全部わかろうとしたら際限がなくなります。そこで、**営業実績をデータで確認し、改善点を抽出していこう、ということに**（⑤）。

営業企画に問い合わせてローデータを入手し、**エクセルを使って単純集計とクロス集計をしよう、という方向性を立てました**（⑥⑦）。

そして、この時点で解釈とアクションの仮説も立てておきます。「たぶん、見積もり提出後のフォローアップができてないんだろう。そこを強化したらいいんだろうな」という風に（⑧）。

なお予算はゼロなので、**1か月後の営業部会**に向けてすべて自力で集計・分析することになります（⑨⑩）。

ざっと説明しましたが、こんな具合でデータ企画書を作成します。

この企画書を書くだけでも一苦労しそうだけど、ここまで丁寧に企画を考えたら、周りも動いてくれそうだ。

そもそもこの企画書を書くこと自体に、スキルと知識が要ります。ただ実は、この企画書もまだ不完全なんですよ。

えっ!?

その理由はお楽しみにということで。２時間目は、良い企画をつくるためにはどのような思考が必要か、について話しましょう。

ポイントをおさえて企画書を作成すれば、データを使った問題解決に向けて１歩も２歩も前進できる

１時間目のふりかえり 

三日目から本格的に社会人モードになりましたが、どうですか？

課題とか仮説とか、言葉が難しい！　私、まだ中学生なんですけど！

社会人の知識を先取りするんでしょ？

そうは言ったけど～！（泣）

わかんない言葉は父さんに聞きなさい。２時間目は営業の話で父さん詳しいから。

わあ、先生！　授業開始から初めて、父が頼もしいこと言いました！

嬉しいじゃないですか～！

とはいえ先生、僕も企画書はさんざん書いてきたけれど、「データ活用企画書」はまったく未経験で、新鮮でした。

うんうん。問題・課題に対して、こんな風に活用しようという内容を具体的に文章にすると、データの活用方法がシャープになるでしょう？

はい、やるべきことがわかります。でも、やっぱりこれを書くのは大変そう……。

何であれ、企画書は頭を使うので大変ですよ。でも、考え方のコツみたいなものもありますから、くわしくは2時間目で！

2時間目 データ活用企画の具体例

この時間の目標

データ活用企画の理解を深めよう！

キーワード □分解 □目標と実績 □数字で把握 □システム導入

「法人営業」とひとことで言っても……

早速いきましょう。1時間目の事例「法人営業力改善のためのデータ活用企画」（P.153）のアウトラインは、以下の通りでしたね。

目標：前四半期の新規顧客の獲得目標34件

現状：実績は19件で▲15件

問題：達成率が約56％で大幅未達

課題：営業力の改善

データ活用目的：データを活用し、今四半期中に実行できる営業改善策を見つけること

さて、これを見て、「すぐにできる営業改善策」、つまり「アクション仮説」がパッと思いつきますか？

うーん、これだけではちょっと。

そう、抽象的すぎますよね。さっきの企画書では、サラッとアクション仮説が書いてあったけれど、**その仮説を書けたのは、頭の中では問題を細かく分解して考えていたからなんです。**

問題やデータ活用目的が抽象的すぎると、
何をすれば良いかわからない

それぞれ分解して考える必要がある！

分解？　機械を分解するみたいな？

そう。一口に営業といっても、いろんな業務がありますから、「法人営業」という業務プロセスの分解ね。

プロセス……なんかイメージがわかない。

つまりさ、「法人営業」って一言で言っても、細かい段取りがあるよね。このお客さんに会うと決めて、連絡して、会って、話して、提案して、注文をもらう……みたいな。その仕事を順番に、細かく確かめていくってことさ。

そういうこと。今、この会社では法人営業がうまくいってない。注文をもらえてない。じゃあ、それはなんで？　**具体的プロセスの中の、どこで引っかかってるんだ？　と考えていくのです。**

その引っかかりを見つけて解決していくんだ。推理ゲームみたいで楽しい！

その発想は正しいですよ。さあ、ゲーム感覚で楽しくいきましょう！

目的・問題・課題が抽象的だと思ったら、とりあえず分解してみる

問題を分解する ──法人営業プロセスの分解

では実際に、「分解」をしましょう。

ステップ1

まずは、法人営業を典型的なプロセスに分解し、プロセスごとの実績を「数字」で確認します。

①リード数

リード数とは、アプローチできる顧客の数のこと。営業部には必ず、「この会社にアタックしてみよう」というリストや名簿があるので、その数を確かめます。

②有効リード数

とはいえ、①のリストの中には会社がなくなっていたり、担当窓口の人が異動していたりする。それらを取り除いたものが、有効リード数です。

③商談数

有効リード数の中で、商談に至った顧客がどれくらいいるかを確かめます。

④有効商談数

そのうち、次につながる商談、たとえば「○○をしたいんだけど、おたくの会社にいい提案ありますかね？」といった「宿題」をもらったなど、「脈あり」の商談がどれだけあるかを確かめます。

⑤見積もり提出数

さらにその中から、見積もりの提出に至った顧客はどれくらいいるでしょうか？

⑥受注数

そこから、めでたく受注に至った数は？

⑦リピート数

商品を気に入ってもらえて、二度目、三度目の受注をもらった数は？

ステップ2

以上が法人営業のプロセスですが、**問題は、このうちのどこかで「ひっかかっている」ということ。言い換えると、プロセス間の移行率が低いということです。**

プロセス間の移行率(%)	
①→②	有効リード率
②→③	商談化率
③→④	有効商談率
④→⑤	見積もり提出率
⑤→⑥	受注率
⑥→⑦	リピート率

③→④に問題があれば「最初の商談で心をつかめていない」、⑥→⑦なら「商品を気に入ってもらえていない」といった要因が考えられます。

知らないことだらけ。営業って大変だ〜。

実際に数字で見てみましょう。下の図は、営業プロセスごとの実績を示したものです。

プロセスごとの実績（＝データ）

営業プロセス	四半期目標	四半期実績	差分(=問題)
リード数(件)	5,000	4,000	-1,000
商談率	70%	70%	0%
有効商談率	20%	20%	0%
見積もり提出率	30%	25%	-5%
受注率	40%	30%	-10%
受注数(件)	34	15	-19
リピート率	70%	75%	5%
リピート数(件)	24	11	-12

問題

四半期の目標と、実際はどうだったかが比較されています。実績の列を見ると、最初に4,000件あったリードも、プロセスが進むごとに数が減っていき、受注数は15件だけになっていますね。

そして**一番右の列に示されているのは、目標と実績の「差分」＝どれだけ差があるか、ということ。これが理想と現状のギャップ、すなわち「問題」です。**

なお、**このように「目標数値」を設定しておくことは不可欠です。かつ、実績に関しても数値化が必須。すると必然的にギャップも数字で把握できます。**つまり、目標・現状・ギャップをそれぞれ数値化できているからこそ、正確な問題発見ができるのです。

ステップ3

さて、差分を見ると、いくつものプロセスでマイナスがついていて、問題だらけであることがわかります。しかしご存じの通り、すべての問題に取り組むことはできません。そこでもっとも大きなマイナスを見てみると、一番大きい数字は、受注率のマイナス10％です。

となると、なぜ受注率が低いのか、が気になりますね。**これを知るには、「失注要因データ」が有効です。**たとえば、次のような集計表をつくることができます。

受注率が低い要因を明らかにする

失注要因	件数	構成比
価格	10	11%
納期	20	21%
商品の機能・性能	8	8%
アフターフォロー	5	5%
営業対応	12	13%
提案力	18	19%
過去実績	8	8%
会社信頼性	5	5%
その他	9	9%
合計	95	100%

課題候補（納期・営業対応・提案力）

構成比列の数字は、すでにおなじみの「相対度数」。とくに数字が大きいのが納期・営業対応・提案力ですから、このあたりが課題候補だ、ということが見えてきました。では、ここを改善するには？……という風に考えていくと、「アクション仮説」が導き出せます。

ここまでして初めて、課題があぶりだせるんだなあ。

46ページで習った相対度数、こんなところでも活躍してる！

なお、ここで登場したデータは、手書き管理だと記録も集計も大変なので、**Salesforceのような顧客管理・商談管理のシステムを導入している企業も増えています。**そもそも、必要なデータが無ければ集計も分析もできませんからね。

さて、このようなデータ活用の流れを理解していれば、次のようなデータ活用企画書をつくることができます。

①データ活用の目的	商談管理システムのデータを活用して、自社の営業プロセスごとの改善点を把握し、今四半期中に実行できる営業改善アクションを決定すること
②ビジネスの問題	達成率が約56%で大幅未達(新規顧客開拓目標34件、実績19件)
③ビジネスの課題	複数の未達成要因が考えうるが、今回は「営業力の改善」にフォーカス
④データの問題	現状、手元にある情報は営業担当者からの未達成要因報告のみ。営業プロセスごとの実績・移行率・顧客からの評価などがわかっていないこと。市況や競合動向も不明
⑤データの課題	市況や競合動向はさておき、自社の営業プロセスごとの実績を確認し、改善点を抽出 商談管理システム内にある「営業プロセス別の行動結果」と「失注要因データ」を活用
⑥データの収集	営業企画に問い合わせて、ローデータの抽出依頼
⑦データの集計・分析	Excelの単純集計・ピボットテーブルによるクロス集計
⑧アクション仮説	見積もり提出後のフォローアップコールの強化が必要と仮説
⑨費用	予算はなし
⑩スケジュール	1か月後の営業部会で分析結果を発表

赤字部分が、153ページで紹介したものとの差分です。

どのようなデータを活用すれば良いのか、そのデータはどこにあるのか、ということが明確にされています。たった数行の文章が増えただけですが、企画の質は大違いです。

実際のアクションに移されるかどうかは現場の動向にもよりますが、少なくとも、これくらい具体的にデータ活用をイメージできていれば、有効なアクションと、問題解決につながる可能性大です。

目標・現状・ギャップをそれぞれ数値化できているからこそ、正確な問題発見ができる

2時間目のふりかえり

営業は普段の仕事なので、すごくリアルでした。どこでひっかかっているかを間違うと、対策も間違っちゃうんですね。

そうなんですよ。たとえば商談数→有効商談数の移行率が低いなら、商談の「質」を上げるという対策が正解ですよね。でも、プロセスを分解しないでざっくり見てしまうと、「もっとたくさん回れ！」と、量に走ってしまったりするわけです。

それ、やっちゃってました。原因をつかまずにがむしゃらに進んでもダメですね。

しかも、これらの表はどれも単純集計表。内容はとってもシンプルですよね？
それでもちゃんと、問題発見や課題設定につながっています。

シンプルで実用的。これならつくれそうだし。

集計作業はとても簡単なので、ちょちょいのちょいですよ。

ねぇ、会社の中に、こういう記録とかデータって、必ずあるの？

言われてみれば、有効商談数はそもそも記録してないし、失注理由ももっと大雑把なデータしかない気がする。

実はそこも、ポイントです。今回の例では、営業プロセスごとに目標と実績の差分がわかる集計表や、失注要因の集計表を使いましたね。これって、もとになる情報がきちんと入力されていたということでしょう？
それは、データを扱う担当者が、「こんなときはこれを調べればいい」という仮説を、日ごろからもっていたってことです。

えっ、問題が起きる前に？　すごい〜。

そうです。何かあったらこんなプロセス分解で確かめよう、って考えていたんですね。

じゃあ、失注要因も？

はい。代表的な失注要因を7～8個くらい設定しておいて、営業担当がチェックをつける、といった仕組みが社内にあったのです。

仮説を、事前にもってたのか。

「営業プロセスでは、こういうポイントでふるい落とされるよね」とか、「失注要因ってだいたいこういうことが代表的だね」という風に。

仮説、超大事！

そうなんです。次の時間で、仮説についてさらに理解を深めていきましょう。

3時間目 仮説と比較の重要性

この時間の目標
仮説と比較の大切さをしっかり理解しよう!

キーワード □仮説構築力 □現状仮説とアクション仮説 □比較

そもそも、仮説ってなんだろう?

この時間は最初から解説していきますよ。まずは、「仮説」から。

そもそも仮説とは何かというと、「**現時点での仮の答え**」。　そして仮説には、次の2種類があります。

仮説=現時点の仮の答え

現状仮説	アクション仮説
「現状はこのような実態になっているのではないか」という仮説	「このような施策を行えばいいのではないか」という仮説

アクション仮説は「戦略仮説」と呼ばれることもありますが、アクション仮説のほうがイメージしやすいので、こちらで説明します。

例に基づいて、さらに詳しくお話ししましょう。

例題

セットで考えると、問題解決の道筋がクリアに！ ——ウイスキーをもっと売るためには？

ステップ1　**現状仮説とアクション仮説をセットで考える**

ウイスキー「黒州」の売り上げが不調だったとします。そこで担当者は

「不調要因をデータで把握し、マーケティングコミュニケーション施策の改善点を抽出したい」

と考えたとします。

まずは担当者のこれまでの業務経験をもとに、次のような「現状仮説」が立ちました。

「世の中で一番よく飲まれているアルコールは、おそらくビール。でも以前より、ハイボールやワインを飲む人も増えているのでは？」

もしこの現状仮説が正しければ、次のようなアクション仮説を立てることができそうです。

「今ビールを飲んでる人に、ハイボールの爽快感ってビールに似てますよ、と伝えたら、試してもらえる可能性が高いのでは？」

はたまた、ワインとウイスキーの比較では、このような現状仮説も。

「ワインは日持ちしないから、一度開栓してしまったら、すぐにひと瓶空けないといけない。飲み切れないと捨てることになってもっ

たいないし、無理して飲めば飲みすぎになるし……と悩んでいる人、もしかすると多いのでは？」

とすると、それに対応するアクション仮説は、

「『ウイスキーは開栓後も日持ちするからコスパ良し！』ということを強く伝えていったら、今ワインを飲んでいる人たちにも刺さるかも？」

コスパというキーワードから、このような現状仮説も成り立ちます。

「ウイスキーの購入者は、可処分所得（自分の自由になる所得）が多い単身者の割合が高そう」

とすると、単身者向けのアクション仮説として、

「おひとりさまにはウイスキーが似合う、といったライフスタイル提案が有効なのでは？」

このように、仮説は現状とアクションの「セット」で考えていくのがオススメです。

ステップ2　課題を設定する

先ほどのウイスキーの例では、３つの「仮説セット」が出てきました。「ハイボールの爽快感」「日持ちがするのでコスパが良い」「おひとりさまのライフスタイル」はいずれもマーケティングコミュニケーション系の施策ですが、３つ並べると、どれが「刺さりそう」か、比較検討ができます。

一つ目の「爽快感」については、すでに世間でもかなり知られており、新

規性は薄め。三つ目の「おひとりさま向け」もかなり浸透していて、さほど新しさは感じません。

しかし二つ目の「コスパ」は、これまであまり語られていない、新鮮な視点です。

「だったら二つ目で課題設定してみようか？」と、問題解決に向けた道筋が見えてきます。

例）ウィスキー黒州の売上不調要因をデータで把握し、マーケティングコミュニケーション施策の改善点を抽出したい場合

現状仮説	アクション仮説
一番飲まれているアルコールはおそらくビールだが、以前よりもハイボールやワインを飲む人は増えているのではないか？	ビール飲用者に対して、ハイボールの爽快感を伝えれば、トライアルしてもらえる確率が高いのではないか？
ワインは日持ちしないから、結局ボトルを空けるしかないことに悩んでいる人が多いのではないか？	ウイスキーは開栓後も日持ちするので、コストパフォーマンスがよい事をもっと訴求するといいのではないか？
可処分所得が多い単身者の購入割合が高いのではないか？	「おひとりさまにはウイスキーが似合う」というライフスタイル提案が有効なのでは？

問題解決の可能性が想像しやすくなり、課題設定の精度が高まることは、現状仮説とアクション仮説を「セット」で考えることの大きなメリットです。

すぐ実行に移せることも利点です。「二つ目で行こう！」と決めたときに、すでにアクション仮説が立っていれば、スピーディーに動けますね。

せっかく仮説を立てるなら、「ワインって、一度開けたらひと瓶空けないといけないよね」だけで終わらずに、「その点、ウイスキーはコスパがいいよ、と提案しよう！」まで考えておくことで、問題解決までの道を、的確かつ素早くたどることができるのです。

現状仮説とアクション仮説はセットで考えることで、問題解決の可能性を想像しやすくなる

現状仮説にアクション仮説を当てはめてみよう

では実際に、現状仮説に対するアクション仮説を考えてみましょう。

前に登場した法人営業の失注理由は、現状仮説ですね。**現状仮説も「これが問題ではないだろうか」という問題仮説と、「これが要因ではないだろうか」という要因仮説にわけて考えると、より精度の高い仮説になります。**価格が高すぎたのか、納期を守れなかったのか、出来上がった商品のクオリティに不足があったのか、などは要因仮説です

下の表は、それらの現状仮説（要因仮説）と、アクション仮説を対応させたものです。

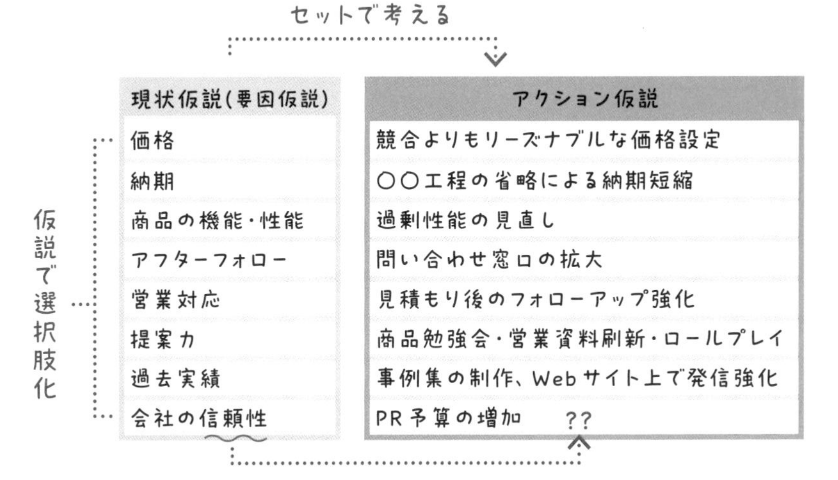

現状仮説(要因仮説)	アクション仮説
価格	競合よりもリーズナブルな価格設定
納期	○○工程の省略による納期短縮
商品の機能・性能	過剰性能の見直し
アフターフォロー	問い合わせ窓口の拡大
営業対応	見積もり後のフォローアップ強化
提案力	商品勉強会・営業資料刷新・ロールプレイ
過去実績	事例集の制作、Webサイト上で発信強化
会社の信頼性	PR予算の増加

ウイスキーの例でも話しましたが、現状仮説とアクション仮説をセットで考えておくことで、問題解決のイメージをもちやすくなります。

◎すぐに対策できない場合は？

価格や営業対応が大きな失注要因だった場合は、「リーズナブルな価格設定」「見積もり後のフォローアップ」など、やると決めさえすれば、比較的すぐにアクションに移れます。

一方で、一番下に挙げられている「会社の信頼性」と、対応するアクション仮説としての「PR予算の増加」はどうでしょう。

信頼性を高めるには、一般的にブランド力を高めることが有効です。しかし、ブランド力は一朝一夕に高まるものではありませんし、膨大な予算がかかります。ブランディング効果が現れるまで、数年以上かかることも普通にあります。

しかし、いざ「信頼性が低い」とわかったときに、「お金も時間も確保できないから、打つ手なし」……となるわけにはいきません。

ではどうするか。**そんなときは、「信頼性」を分解するのが有効です。**

商談記録のローデータ確認や関係者へのインタビューなどを行って、「何をもって、当社の信頼性が低いと言われたのか？」を見ていくと、より具体的な内容が見えてきます。

「知名度が低いから上司を説得できない」「何となく品質が低いイメージがある」という声が多かったのなら、やはりPRを頑張ってブランド力の向上が必要という話になります。しかし、「セキュリティ対策に不安がある」という声が多かったなら、それはブランドというより、情報管理体制の話。「セキュリティ対策を強化する」、という、比較的即応しやすいアクションがとれます。

打つ手なし……と感じているときは、現状認識の抽象度が高いものです。現状仮説にしろアクション仮説にしろ、仮説をより細分化・具体化していくと、実行可能なアクションは見つけやすくなります。

「すぐにあきらめるな」って、いつも部下に言ってたけど……。

根性じゃなくて、もっと分解してできることを見つけようって教えてあげないとね。

アクション仮説をセットで考えておけば、仮説（要因）の検証後すぐに、アクションの検討・実行をはじめられる

「選択肢」にも仮説が要る

さて、171ページの表（左）では、現状仮説として「よくある」失注要因が列挙されています。顧客が離れる理由のポピュラーな選択肢として、覚えておくといいでしょう。

他方、実際の現場では、会社やプロジェクトによって、特有の要因も必ず出てくるものです。そんなとき、**一般的要因のみの選択肢しか用意されていないと、それらが無造作に「その他」に放り込まれ、埋もれてしまう危険があります。**

ですから、自社特有の要因を、あらかじめ選択肢に入れておくことが大切です。たとえば営業プロセスをシステムで管理しているならば、自社特有の選択肢を入力画面設計に反映させなければなりません。

──と言いましたが、言うは易（やす）く行うは難（かた）し。あらかじめ用意された選択肢を現状に照らし合わせるのと、何もないところから新たに選択肢を設けるのとでは、難易度に雲泥（うんでい）の差があります。

ここで求められるのは、**データ活用の生命線でもある仮説構築力**──**「こ**

れが有効な選択肢になるのでは」という仮説を考えつく力です。

業務日報や商談記録、アンケートやインタビューの結果など、ローデータや一次情報に触れながら、「あれ？　このワード、さっきも出た？」「うちの会社は、こういう指摘をよく受けているかも」などの傾向に、気づけるかどうかが鍵です。

他社との比較もヒントになります。同業他社はもちろん、異業種でも規模感が同じくらいの会社や、企業カルチャーが似ていたり、財務状況が似ていたり、ビジネスモデルが似ていたりと、課題に共通性がありそうな会社と自社とを比べてみるのです。**他社にあって自社にないもの、見落としていることなどが発見できたら、それも「選択肢候補」となるでしょう。**

仮説の選択肢は他社比較を行って
増やすことができる

「比較」でデータ活用の精度を高める

比較というワードが登場したところで、その重要性についてお話しします。

比較は、仮説構築と同じくらい重要です。比較をすると、データ活用の精度が一気に上がるからです。

引き続き、失注要因を例にとりましょう、先ほどの表は、「失注の理由」という、一つの軸だけを使った単純集計表でした。

Q 同じ例を、商品A、B、Cで分けたクロス集計表で検討してみましょう。商品別に比較すると、何が見えてくるでしょうか？　なお、アルファベットの横にある（）内の数字は、集計したデータの個数です。

低い受注率を改善するために、勉強会やトークスクリプト・営業資料の刷新によって、商品Aの提案力を早期に改善したい。納期短縮はプロジェクト化して長期で解決を。

「比較」でさらに有益な示唆を得る

失注要因	商品A(95)	商品B(72)	商品C(120)
価格	11%	9%	7%
納期	21%	20%	23%
商品の機能・性能	8%	11%	13%
アフターフォロー	5%	4%	6%
営業対応	13%	8%	6%
提案力	19%	12%	8%
過去実績	8%	7%	9%
会社信頼性	5%	4%	7%
その他	9%	4%	20%
合計	100%	100%	100%

比較軸

長期課題

① 「納期は3商品に共通している要因。商品提供プロセスを抜本的に見直す必要がありそう」

短中期課題

② 「商品Aのみ失注要因が高め。商品勉強会やトークスクリプト・営業資料の刷新を検討しないと」

ステップ① 長期課題を検出

まず、共通点からチェックしてみましょう。

納期は3商品とも高い相対度数を示していますね。

その通り。３商品すべてで最も多い失注要因が納期ということは、この会社は商品提供プロセスを抜本的に見直す必要がありそうです。**共通要因は、重要度の高い根本要因であることが多く、つまり長期課題と捉えることができるのです。**このケースなら、部署横断的な納期改善のプロジェクトを立ち上げ、全社的に取り組もうといった提案ができます。

ステップ② 短中期課題を検出

一方、商品によって数字に差がある要因も注目ポイントです。提案力に関しては、商品Ａだけが突出していますね。とすると、「商品Ａの提案は、顧客のニーズと噛み合っていないのかもしれない」という現状仮説が考えられます。

ならば、商品Ａの勉強会やトークスクリプト、営業資料の刷新を検討することで改善が図れるのでは、というアクション仮説が立てられる。**納期が長期課題なら、こちらは短中期的な課題といえるでしょう。**

総合すると、短期的課題に取り組みながら、根本要因には腰を据えてじっくり向き合うという二段構えのアクションを取ることができます。

こうした対策は、比較をすることで考えやすくなっていますよね。ここに比較の価値、強みがあります。

なお、**このクロス集計の前段階にも、仮説があります。「商品Ａ、Ｂ、Ｃで比較したら、こんなことがわかるのでは？」という、比較軸の仮説です。**これが「当たった」おかげで、短中期・長期双方でどういったアクションを取るべきか、方向性が見つかったのです。

「こうかも」「こうしたらうまくいくかも」って、しょっちゅう考えないといけないんだね。

比較をすることで、共通点から「長期的課題」、差異から「短中期的課題」が浮き彫りになる

様々な比較軸

「比較軸の仮説」が当たるかどうか＝適切な比較ができるかどうかも、非常に大切なポイントです。**このような場面で「当たり率」を高めるには、やはり「型」を知ることが効果的。**

よくある比較のパターンを知り、引き出しを多くしておきましょう。

個人属性	■分析対象がどのような内容でも、価値観や行動に差が出やすい比較軸(個人) 性別、年齢、未既婚、子供の有無、職種、居住地、可処分所得、可処分時間　など
価値観・態度	■行動に差が出やすい価値観や態度にフォーカスした比較軸 パーソナリティ(ex.外向的・内向的)、キャリア志向(ex.起業派、出世派、マイペース派)、新商品への態度(ex.先進的・保守的)　など
企業属性	■分析対象がどのような内容でも、価値観や行動に差が出やすい比較軸(企業) 売上金額、利益率、従業員数、企業文化、業界、ビジネスモデル　など
フレームワーク	■利用頻度が高いビジネスフレームワークの活用 3C分析(自社、競合、顧客)、バリューチェーン分析(企画、開発、流通、販売、マーケティング)、ファネル分析(認知、興味・関心、検索、資料請求、購入)　など
総合評価	■企業・商品・サービス等の総合評価の高低で比較する 総合満足度、購入意向、推奨意向　など
関与度	■商品・サービスへの関与度合いの強弱で比較する LTVの高低、サービス利用頻度(Heavy/Middle/Light)、現利用・利用中止・非利用　など

「よくある」とは言いましたが、ご覧の通り、たくさんのパターンがあります。

ちょっと細かすぎるんだけど！

いや、これビジネスシーンではどれもよく聞く比較軸だぞ。

BtoC（個人向け）のビジネスでよく使われるのは、一番上の「個人属性」。性別、年齢、未既婚、子供の有無、職種、居住地、可処分所得、可処分時間などによって、購入傾向や、満足度を分析するのが定番の手法です。

ただ近年の傾向では、性別や年齢などの属性情報比較では課題を見つけにくくなっています。むしろ二番目の、**「価値観・態度」を比較軸にしたほうが有効なことが多い。**たとえば、外交的か内向的か、はたまた新商品が出たときにとりあえず試す先進的なタイプか、様子を見てから買う保守的なタイプか、などですね。

BtoB（法人向け）の商材では利益率、従業員数、企業文化、業界、ビジネスモデルといった「企業属性」が重要。

それから、ビジネスシーンで頻出のフレームワークも有効です。**戦略立案やマーケティングでよく使う「3C分析（自社・競合・顧客）」は超有名ですね。**「バリューチェーン分析」は、企画・開発・流通……と、部門ごとや部門間の連携に注目して問題の所在を特定していく手法。「ファネル分析」は、商品を知る→関心をもつ→検索する……という風に、購入に向けて「温まっていく」プロセスを追う手法です。それぞれの段階にどれだけ人がいて、どれぐらいの脱落率なのかを確かめていきます。

以上、情報量の多い表ですが、ここは頑張って「丸覚え」しましょう。

覚えたら、後は場数を踏むのみです。引き出しの多さと経験の多さによって、どんなときにどの比較軸を使えばよいか、勘所が養われていくでしょう。

比較軸は無数にある。問題発見につながりやすい比較軸はどれか、を仮説で絞り込むことが重要

3時間目のふりかえり

ここまでの話を聞いて思うのは、データ活用って、僕たちが日々やっている問題解決そのものだってことです。大変だ、なんでこうなった、なんとかしなきゃ……って毎日のように対策会議をしてますもん。

おっしゃる通りです。データ活用は、問題解決のために行うものです。もっといえば、問題解決の手段です。ただし、この手段を使えば、問題解決の精度やスピードが格段に上がる、ということです。

僕は根拠なくあの手この手を試したりするから、精度はイマイチだな。

でもお父さん、素晴らしいです。世のビジネスパーソンの中には問題解決を意識せずに仕事している方、けっこういますから。上司の指示に従ってればいいとか、昨日と同じことをしていればいい、みたいな……。

ビジネスは問題解決の連続なのに？　ま、お父さんがそうじゃなくてよかった。
私も、問題解決できる大人になりたいわ！

その思い、ずっともっていてほしいです。さて、データ活用にも問題解決にも有効な「仮説」。4時間目はさっきとは別の角度から、仮説がなぜ大切なのかを話します。

別の角度？

はい。お父さんのように、データ分析の専門家「ではない」ビジネスパーソンこそ、問題解決に向けた「仮説構築力」が必要ですよ、という話です。

データの専門家ではない人こそ……？

マナちゃんが目指す大人像に一歩近づける授業、始めましょう！

第三日

4時間目 非専門家に必要なデータ活用スキル

この時間の目標

事業系データ活用人材になろう！

キーワード □問題発見力・課題設定力 □仮説構築力 □適切な接続 □合意

「非」専門家に必要なデータ活用スキルとは？

世の中には、データ分析を専門とする人々がいます。コンサルティング会社やリサーチ会社に属する人、AIテクノロジーを保有する先進企業、データ活用に積極的な企業内の分析チーム、職種で言えばアナリスト・データサイエンティスト・リサーチャーなど。

他方、**こうした業種や職種以外の仕事をしていて、かつデータを扱う機会のある人々のことを「事業系データ活用人材」と言います。**こちらに属する人々は非専門家ですが、専門家の協力を得ながら、データを活用していくことになります。文系社員の多くが含まれますね。

下の表をご覧ください。こちらは**データ活用に必要なスキルと、専門家と非専門家それぞれに求められる「度合い」**を示したものです。

◎詳細理解 ○要点理解 △概要理解 ×理解不要

		事業系データ活用人材	データ分析専門家
①	データ活用企画で考えるべき内容の理解（=これまでにお伝えした内容）	◎	◎
②	問題発見力・課題設定力(=問題を適切に分解する力)	◎	○
③	仮説構築力	◎	△
④	データバリエーションの理解(社内外)	○	◎
⑤	データの簡易集計・可視化力(一般excelやppt活用レベル)	◎	◎

⑥	データの高度集計・分析力（高度Excelや専門ツール活用レベル）	△	◎
⑦	データ加工・プログラミング力（AIや機械学習の活用に必要）	×	○

上から順に見てみましょう。

①は、**データ活用において考えるべき内容の理解、すなわち１～３時間目で話したことです。**これについては双方とも、「◎（詳細理解）」が求められます。

問題発見力と課題設定力（②）は非専門家が◎、専門家が○です。非専門家は、問題解決のために専門家に協力依頼をするわけですから、問題や課題についてはより詳しく理解していなくてはなりません。

そして、それにも増して専門家よりも秀でていなくてはいけないのが、③の仮説構築力です。仮説構築の源は、問題や課題が発生している現場や業務の知見、そして問題解決に向けて試行錯誤してきた経験です。**ここは非専門家がデータ分析の専門家を圧倒してほしい力ですね。**

④は、**どんなデータが世の中にあるのか、についての理解**です。こちらは専門家のほうが長(た)けていますし、そうあるべきです。

⑤の、**データを簡易集計して可視化する力**とは、簡単な集計表やグラフをつくるスキル。これは双方同等に必要です。

しかし⑥の、**高度な集計や分析のスキル**は専門家に任せて構いません。

また⑦は、ローデータをデータの分析・解析ツールに読み込ませるための**加工技術やデータハンドリング、AI開発に必要なPythonプログラミング**などを指しますが、それらも専門家に任せて良い領域です。

専門家より詳しくないといけないのは、２つ目と３つ目か。

要するに、問題解決をリードしろってことだよな。そこは専門家任せじゃダメだ。

非専門家は、専門家を上手に使って、データを問題解決につなげる推進者

専門家と非専門家は、どう連携する？

では、専門家と非専門家は、どのように連携していけば良いのでしょうか。その望ましい形を示したイメージ図がこちらです。

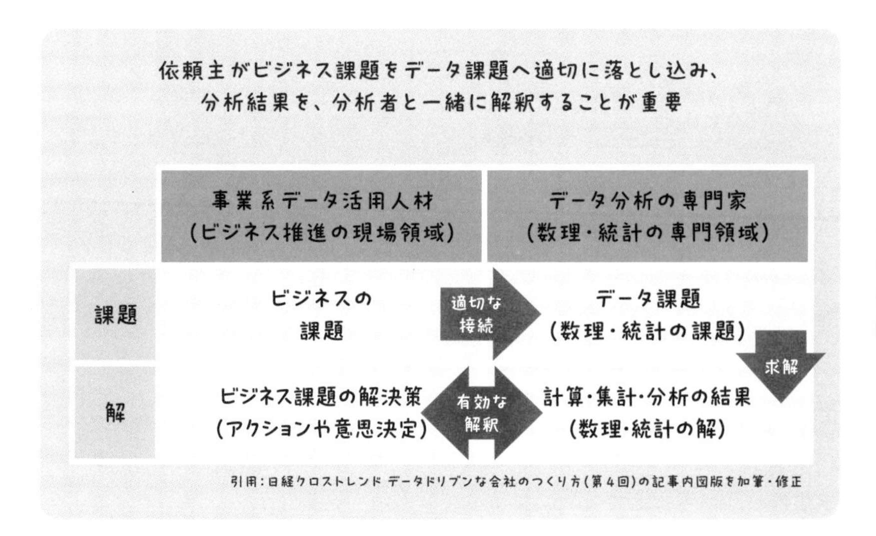

まず、非専門家（事業系データ活用人材）が当事者であるビジネス推進の現場で問題が発生し、課題が特定されたとします。そこで、非専門家は専門家に、データ課題の解決（どのようなデータを、どのように集め、分析するべきか）を依頼します。ここで欠かせないのが、**適切な接続**です。

適切な接続とは、「なぜこれを課題として選んだか」「どう解決できそうだと考えているか」「そのために、データで何を明らかにすべきだと考えてい

るのか」という仮説を伝えられる、ということです。それにより専門家は、「であるならば、このデータや分析が必要だが、これはおそらく不要だな」と、必要なデータや分析方法にあたりをつけることができます。これは言い換えると、**「ビジネスの課題」から「データの課題」への接続**でもあります。

そうして専門家が、数理や統計の専門知識を踏まえて、データの収集・計算・集計・分析の方法を決定し、それを実行。最終的に「こんなことがわかりましたよ」という「解」を出します。これが求解です。

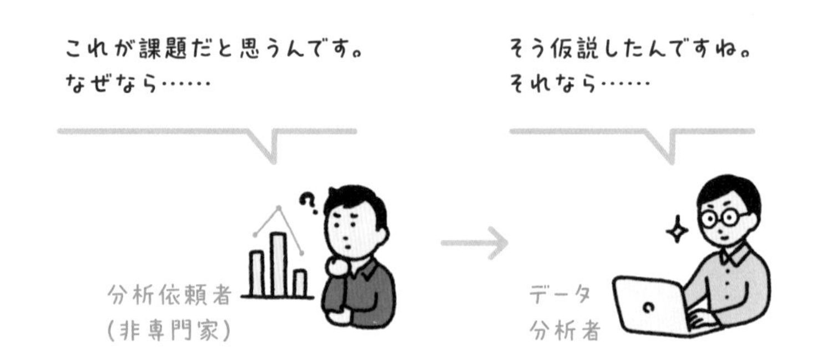

非専門家はそれを受け取って、「ありがとう、わかってよかった」で済ませてはいけません。アクションや意思決定につなげなくては、データ「活用」とは言えないからです。

ここでは双方が、すり合わせを行います。ですから、**矢印が双方向（⇔、有効な解釈**）になっています。

データを適切に解釈できているかどうかを確認しながら、ここからどのような解決策が導けるか、どの解決策を選ぶか、議論を深め、結論を出し、アクションに移す、という流れです。

分析依頼主が、ビジネス課題をデータ課題へ落とし込む努力をし、分析結果をデータ分析者と一緒に解釈する

「頼み方」があやふやな会社が多いという現実

さて、今話したことは「望ましい連携」、つまり理想の話です。現実ではこのようにしっかりとは嚙み合わず、矢印はしばしば細く、ときには切れ切れになります。

もっとも心もとないのが、最初の「適切な接続」の矢印です。社内の分析チームや外部の専門機関へ依頼する際、説明が「ふわふわ」な人が非常に多いのです。

やばっ、うちの会社、フワッとしてるかも……。「こんな感じでよろしく！」なんて丸投げしてちゃだめだな。

皆さんも、お父さんみたいな仕事をしちゃっていませんか？

私自身も、「データはあるから、良い感じに分析して課題を見つけてほしい」といった頼まれ方をされることがあります。現状やアクションの仮説が伴っていないので、非常に分析効率が悪いですし、そもそも知りたいことを明らかにできるデータではなかった、なんて事もあります。

我々は仕事を始める前に、「スコープ設定」といって、必ず調査や分析の範囲を合意するのですが、依頼主の要求があやふやだと、このプロセスは難航します。

依頼主は、自身が何を知りたいのかそもそも不明確、つまり「欲しい解」をわかっていないのです。このような場合、どんなに優れた分析結果を提示しても、新しい意思決定やアクションにつながらない事がほとんどです。もちろん、問題も解決されません。

データ活用を問題解決につなげるには、依頼主＝事業系データ活用人材が、ビジネスとデータの問題・課題を明確にしておくことが大前提です。

加えて、専門家・非専門家双方の関係者が、考えるべきことや明らかにすべきこと、そのアプローチやステップについて、皆が同じレベルの理解で合意しておくことが大切です。

データ分析の専門家なら魔法の杖でなんでもしてくれる、って思っちゃうけど、違うよね。

データ活用企画の内容を、関係者同士で理解・合意していることが何よりも重要

4時間目のふりかえり

ぶっふぅ〜。先生、もう頭パンパンです。

それだけ、ビジネスにおけるデータ活用は奥が深いってことですよ。

はじめて知ることばかりで、覚えることは多いんだけど、難しくてついていけない……とまではいかないな。

うん、私でもなんとなくわかるし！
50%くらい……、いや30%くらいかな（笑）

30%でもわかっているなら凄いですよ！
ま、たしかに三日目から一気に内容が濃くなったので、大変ですよね。
今日はここまでにしましょうか。

さんせーい！

二人とも、明日に向けてしっかり休んでくださいね
私もコーヒーとチョコボール買ってきて、一息つきます。

チョコボール？　先生甘いもの好きなの？　なんか意外。

チョコボールは、甘さとピーナッツの塩味のバランスが完璧です。

先生さすがです。ゆっくり休んでくださいね。

第四日

データ活用に必要なビジネススキルの高め方

1時間目 問題発見力・課題設定力とは

2時間目 仕事に効く仮説構築力

3時間目 クロス集計表の注意点

豆知識 超カンタン！
ピポットテーブルの使い方

1時間目 問題発見力・課題設定力とは

この時間の目標 **問題発見力・課題設定力を高めよう！**

キーワード □分解　□量と質　□MECE　□デシル分析　□業務プロセス　□QCD

問題発見のための分解パターン①——四則演算でできる分解

第三日の授業で、問題発見力・課題設定力・仮説構築力が、「非専門家」のデータ活用人材にはとくに重要ということがおわかりいただけましたね。今日はそれらスキルの高め方・育て方をお話しします。

お、この３つのスキルは、ビジネス全般に役立ちそうだな。

まずは最初の２つ、**問題発見力と課題設定力を高める「ワザ」**を伝授しましょう。

148ページでお話ししたとおり、問題とは理想と現状のギャップです。そのうち、「本当に問題なのは何か」「なぜ問題が起きているのか」を掘り下げるのが問題発見。さらにその中から、今解決すべき課題を選び、解決の道筋もだいたい考えておくのが課題設定。ここまでは、もうご存じですね。

しかし、これで「わかった気」になってはいけません。実際のところ、**問題は「切り口」次第で、見え方がまるで違ってくるもの。意味のないわけ方をすると、的外れな問題発見になるのです。**

そこで知っておきたいのが、有効なわけ方 ── すなわち、**「分解パターン」**です。定番のパターンを知って、第一歩から見当違いな方向に踏み出さないようにしましょう。

売上分解

売上分解は、もっとも重要な分解パターンです。

なぜならビジネスの目的は利益を増やすことであり、利益のモトになるのは売上だからです。**ビジネス上の問題はほぼすべて、売上や利益が目標に届かなかったことから始まる**、と言っても良いでしょう。その問題発生要因を確かめるために、売上分解を行います。

売上分解の基本は、皆さんご存じの**「数量×販売単価」**。

また、**「既存の顧客の売上＋新規顧客の売上」**という分け方もできます。

両者を組み合わせると、次のように分解ができます。

売上＝ 数量×販売単価

↓ 分解

売上＝ 既存顧客の売上+新規顧客の売上

↓ 分解

売上＝ (①既存顧客の数量×②販売単価)
＋
(③新規顧客の数量×④販売単価)

ということは、４つのデータ（①〜④）が必要になるわけです。

ここまでは私でも理解できるわ。

さらに細かく分解してみましょう。

販売単価の部分は、「正価－値引き」という形でも分解できます。これを既存顧客と新規顧客のそれぞれで行えば、今度はデータが6個（①～⑥）必要になります。

また、商品別の分解という方法もあります。主力3商品A・B・Cのそれぞれについて分解すれば、データは12個（①～⑫）必要です。このように、分解が細かくなるほど必要なデータは多くなります。

売上＝（①既存顧客の数量×（②正価－③値引き））＋（④新規顧客の数量×｛⑤正価－⑥値引き｝）

売上＝（商品A｛①既存顧客の数量×②販売単価｝＋商品A｛③新規顧客の数量×④販売単価｝）＋
（商品B｛⑤既存顧客の数量×⑥販売単価｝＋商品B｛⑦新規顧客の数量×⑧販売単価｝）＋
（商品C｛⑨既存顧客の数量×⑩販売単価｝＋商品C｛⑪新規顧客の数量×⑫販売単価｝）

ほかにも様々な分解法がありますが、ひとまずはこれらの「定番中の定番」を覚えておきましょう。**いずれも、足し算・引き算・掛け算といった、四則演算でできるものばかりです。**

なお、分解したものの該当データがないという失敗は避けたいもの。「値引き実績のデータがない！」となったら分析は不可能。鉄板の分解パターンに該当するデータは、日ごろからきちんと集めておきたいところです。

売上・費用・利益

売上から費用を引いたものが、利益となります。

費用も細かな分類ができますが、大事なのは「固定費と変動費」という考え方です。

固定費は、常にかかるコスト。変動費は、売上の大小によって変動するコスト。この両者に分けてから、それぞれをさらに細かく分解していきます。はい、ご存じの方もいると思います。損益計算書（P/L）でよく使われている費用項目ですね。

費用=固定費+変動費

固定費=労務費+家賃+水道光熱費+通信費+減価償却費……　など
変動費=原材料費+燃料費+販管費+外注費……　など

利益=売上-費用

売上を大きく、費用を小さくしたいというのは、すべてのビジネスに共通しています。売上を大きくしたいならば、前述の６個や12個のように分解を行って、どこが足をひっぱっているかをチェックする。費用も、ここに挙げた10程度の項目に分解して、どこがかさんでいるかを確認していきます。

これは、これまで何度も登場した「問題と課題」の話にも通じます。

「売上が未達成」という問題が起きたとき、**売上がこうした様々な要素の足し算であることをわかっていなければ、「全部が問題」という錯覚を起こしがちです。**

しかし、商品ごとの分解や、既存顧客と新規顧客の分解をきちんと行えば、「商品Ｂの新規顧客がもっとも目標とのギャップが大きかった」と特定でき、それを課題に設定できるのです。

これって会社だけじゃなく、家計も同じだよな。

無駄な費用を抑えるのが節約だね。利益は……お父さんお母さん頑張って（笑）。

量と質

ビジネス上の物事や数字は、**様々なことが「量と質の掛け算」という観点で分解できます。**たとえば受注数。これは商談数×受注率です。何件商談をして、そのうちの何％が結果につながったか、ということです。

ちなみに両者は、売上分解のときと同様、さらに細かい分解が可能です。

商談数を初回商談・２回目商談と回数ごとに分解する、受注率を「見積もり提出率」と「正式な受注率」に分解する、など。第三日２時間目の「法人営業」の例のように、業務プロセスを理解することで、適切にわけることができます。

ほかにも、量×質で表せるものは多々あります。

量×質

受注数 = 商談数×受注率

仕事処理数 = 労働時間×処理スピード

システムバグ数 = テスト数(範囲)×バグ検知精度

新規事業成功数 = 事業開発試行数×企画の筋の良さ

仮説構築力 = インプット時間×インプットの中身

ただし――お気づきだと思いますが、**質は「数値化」が難しい**のが難点です。

バグテストの検知精度ならば「検知率○％」といった数値化は可能でしょうが、企画内容やインプットの中身の良し悪しを数値化するのは困難です。また、質はそう簡単には高くならない、という問題もあります。

ですから、**量×質の分解をするときは「量の問題は短期的対策・質の問題は中長期的対策」**になりやすいと覚えておきましょう。

量を増やせば、ひとまず総量を増やせます。しかし量は、「いずれ必ず頭打ち」します。業務の処理数であれ商談数であれ、どんなにたくさん働いたところで、労働時間には上限があるからです。

従って、最終的には質の改善が必要です。仕事のスピード・精度・筋の良さなど質的スキルの向上のためには、適切なインプットと練習に、継続的に取り組むことが大切です。

生産性やコスパは割り算で

生産性やコストパフォーマンスを考えるときは、割り算をよく使います。

生産性＝対応件数÷労働時間

コストパフォーマンス＝成果（件数や大きさ）÷投下費用

インプット生産性＝インプットで得られた新しい知見量÷投下時間

インプットコスパ＝インプットで得られた成果÷投下費用

もちろんここでも、問題と課題の整理は必要です。インプット情報を分解して、**ジャンルごとのコスパを見てみると、「この勉強は続けよう」「これは仕事に直結していない」と発見でき、無駄なインプットだけを取り除くことができます。**

・CPA＝広告費÷コンバージョン獲得数

※Cost Per Acquisition：コンバージョン獲得単価
※コンバージョン：資料請求・問い合わせ・アプリダウンロード・購入など、マーケティングの成果数のこと

・ROAS＝　売上÷広告費

※Return On Advertising Spend：広告費がどれだけの売上につながったのかを測る指標

さらに、CPAやROASといった、広告費の費用対効果を測るマーケティング指標にも応用できます。

MECEを心がけよう

ビジネスに限らず、すべての事象はこのように、分解していくことができます。

分解の切り口・物事のわけ方によって、見え方が変わったり、新しい発見があったりします。このときに覚えておきたいのが、**MECE（Mutually Exclusive and Collectively Exhaustive）**という考え方。読み方は「ミーシー」で、意味は「モレなく、ダブリなく」分解する、ということです。

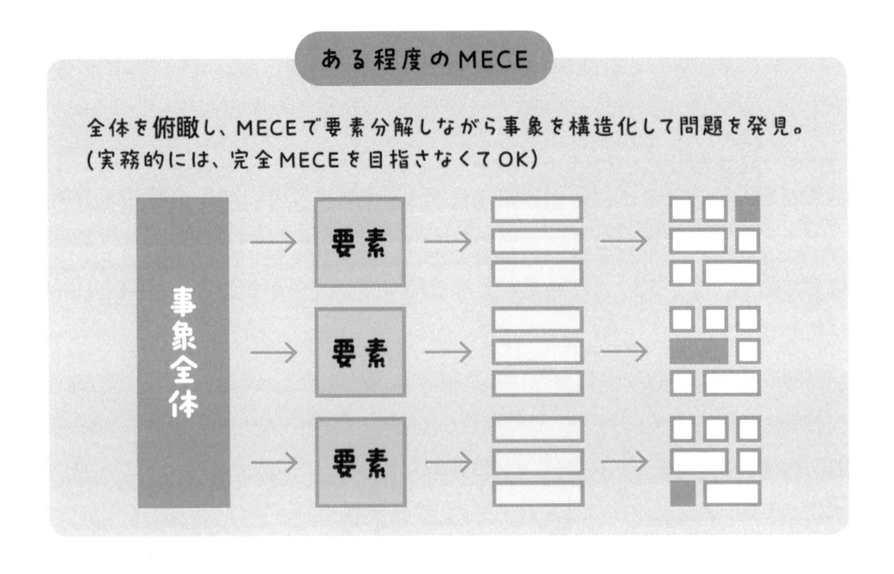

問題を発見するときは、全体を俯瞰（ふかん）して「モレなく、ダブリなく」を意識しながら要素分解し、何がどうなっているのか、事象を構造化することが重要です。

なお、**MECEで考えるときは「完璧を目指さない」ようにしましょう。**

現実に起きている問題は、様々な要因が複雑に絡み合っていて、そもそもすべてをモレなく洗いだすのは不可能です。MECEになっているかどうかの判断基準も、人によります。

「主な要因」がモレなく、ダブリなく考えられているか、という感じで大丈夫です。

ひょっとして、人をA型・B型・O型・AB型にわけるのもMECE？

春・夏・秋・冬とか、会社員を所属部門でわけるとかもそうか。意外と身近にあるんだな。

分析とはすなわち「分けて調べること」。まずは王道の分解パターンを暗記して、引き出しを増やす

問題発見のための分解パターン②――上位下位に分ける分解

ここからは少し趣（おもむき）を変えて、問題発見のフレームワーク、言わば「定番」を紹介しましょう。いずれも、顧客層や商品群を「上位／下位」に分割する、という手法です。

パレート分析とABC分析

114ページで登場した「パレート分布」を覚えていますか？

上位20％の人や商品が、全体の80％を占める、という偏った分布のことでしたね。

パレート分析は、パレート分布に基づいて上位20％とそれ以外を２分割し、上位20％のパフォーマンスを重点的にチェックする、という手法です。

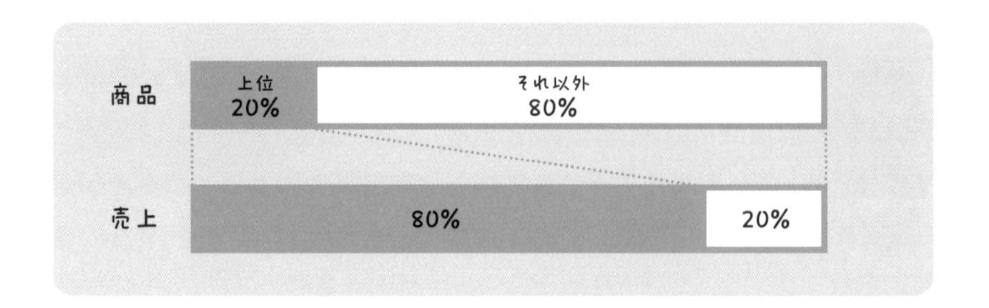

パレート分布は、社会現象やビジネスなど、様々なシーンで見られる現象です。

元々は、イタリアの経済学者のW.パレートが見つけ出した法則。彼が明らかにしたのは、「世界にある金融資産（富）は、全体の上位20%が全体の80%を占める」ということでした。

それが、19世紀末〜20世紀初頭の話。この傾向は現在さらに加速していて、富の配分は「上位５％＝全体の90%」くらいに偏在している、とも言われています。

ちなみに、検索キーワード数も何千万とあるなかで、良く調べられるキーワード（ex.結婚、恋愛、転職、美容など）の上位20%が、総検索数の80%を占めるそうです。ECサイトの売上にも、パレート分布が起こりやすいですね。

私の経験からも、パレート分布は様々なシーンで見られるので、自社の売上がパレート分布になっているかどうか、調べるだけでも面白いでしょう。

もし、売上上位50%が全体の80%を占めているなら、もう少し効率化を図るために上位商品群を絞って強化する、といった「選択と集中」を行うきっかけにもなるでしょう。

ABC分析も同様の活用ができます。パレート分析が２分割なのに対し、ABC分析は３分割です（116ページ）。**売り上げの累積金額比率をA・B・Cに分類し、問題がありそうな商品群にあたりをつけていきます。**

デシル分析

デシル分析とは、「10等分」する分解手法です。

まず、顧客を購入金額が多い順に並べます。次に、顧客数が10等分になるよう分割します。たとえば1万人いれば、1000人ずつです。その10グループを、上から順に「デシル1」「デシル2」……と名前をつけていきます。

顧客を機械的に10等分してみる＝デシル分析

●デシル分析のSTEP
1　顧客を購入金額が多い順に並べる
2　顧客数が10等分になるようにグルーピングする(デシル1、デシル2、デシル3……)
3　各グループの購入金額合計と構成比率を算出
4　上位から累積でどの程度の比率を占めるかの、累積購入金額比率(累積相対度数)を算出

	購入金額合計(千円)	購入金額構成比(%)	累積相対度数(%)	1社当たり購入金額(千円)
デシル1	37,110	35.9%	35.9%	3,711
デシル2	25,050	24.2%	60.2%	2,505
デシル3	13,590	13.2%	73.3%	1,359
デシル4	10,850	10.5%	83.8%	1,085
デシル5	6,370	6.2%	90.0%	637
デシル6	5,200	5.0%	95.0%	520
デシル7	3,000	2.9%	97.9%	300
デシル8	1,040	1.0%	98.9%	104
デシル9	700	0.7%	99.6%	70
デシル10	420	0.4%	100%	42
合計	103,330	100.0%	100.0%	1,033

算出するのは、各デシルの購入金額合計・金額構成比・累積相対度数。次いで、一人当たり（この表の場合は顧客が法人なので「一社当たり」）の購入金額の平均値も出します。

デシル分析は、パレート分析やABC分析とやや違って、必ずしも上位ばかりに着目するわけではありません。

たとえば、デシル5だけが目標に対して大幅未達だったとします。とすると、そこにいる1000人のお客さんのニーズを、何かしらとらえきれていない可能性がある、といった問題発見ができます。

上位の顧客に注力する手法は効率的ではありますが、そのぶん「上位以外」がおろそかになる傾向があります。結果、上位20％は目標達成していても、それ以外が振るわなくて全体では未達、ということも起りえます。

私も、かつて所属していた会社で、そのような体験をしました。ある時期、会社が不調に陥り、デシル分析で原因を探ったところ、５～６の顧客群が大幅未達だったのです。

当時、社は１や２の売上を伸ばすことに専念し、５～６へのフォローは怠り気味でした。同時期、この層にいた会社群の業績が好調になり、調査にかける予算を増やしていたにも関わらず、それに気づくのが遅れ、競合に奪われる事態が続出していたのです。そこで我々も、注力の配分を改善。それにより、全体の売上を復調させることができました。

上位顧客ばかりひいきしちゃ駄目ってことだね！

今は５や６でも、いずれ１や２になる可能性もあるわけだしな。

デシル分析は、パレート分析やＡＢＣ分析とは一味違ったアプローチができる、有効な分解手法

休憩タイム

ひとつ疑問なんですけど、パレート分布って、放っておいても勝手にそうなる現象なんですか？　富の配分とか、売れ筋とかが、上に上に集中していくような……。

きっと、人間の「欲」が絡むからだと思います。たくさん売ってたくさん儲けることが大事。たくさん売れる商品の生産は効率化しやすいから、価格も下がって、もっと売りやすくなる、っていう資本主義の原理の中では、パレート分布が生まれやすいですね。

パレート分布は、パレートさんの時代よりも加速してる、っていうお話でしたね。

そうなんです。なぜなら……マナちゃん大丈夫？　難しすぎる？

なんとか！　えっと、「儲けよう、儲けよう」っていう社会の中で、もっとお金持ちが強くなってきてるってことですか？

その通り。大きく儲かったら、そのお金を使ってもっと大きな仕事ができてもっと儲かる、というサイクルをつくりやすいんですね。だから、お金をもっている人や企業に、ビジネスチャンスがどんどん集まっていく。結果、拡大再生産が加速するというわけ。

格差の問題ともつながってきますね。

世の中それで良いのかな～。なんだか違和感。

そういう違和感をもつのって、なんかいいなあ。父さんの世代はもうそこに組み込まれているけど、若者は違うんだな。

ですよね。未来を変えられるかもしれない。

今日、大人の階段を一段上ったかも（笑）。

さ、１時間目もあと少し。この調子で続きをやりましょう。

問題発見のための分解パターン③ ――業務プロセスに基づく分解

仕事やプロジェクトには、必ず始まりと終わりがあるもの。そして、その間には様々な業務プロセスがあります。第三日２時間目の「法人営業」でも、顧客リスト→商談→有効商談→見積もり提出、といったプロセスがありましたね。

業務プロセス分解によって問題を発見する際は、事前に設けた目標とその達成状況（＝実績）、プロセスごとのQCDをチェックします（次ページ図①）。また、プロセスが移行する際も同様に目標と実績＋QCDをチェックし（次ページ②）、同時に、プロセスごとの顧客からの**「QCDに関する評価」**を確認しましょう（次ページ③）。

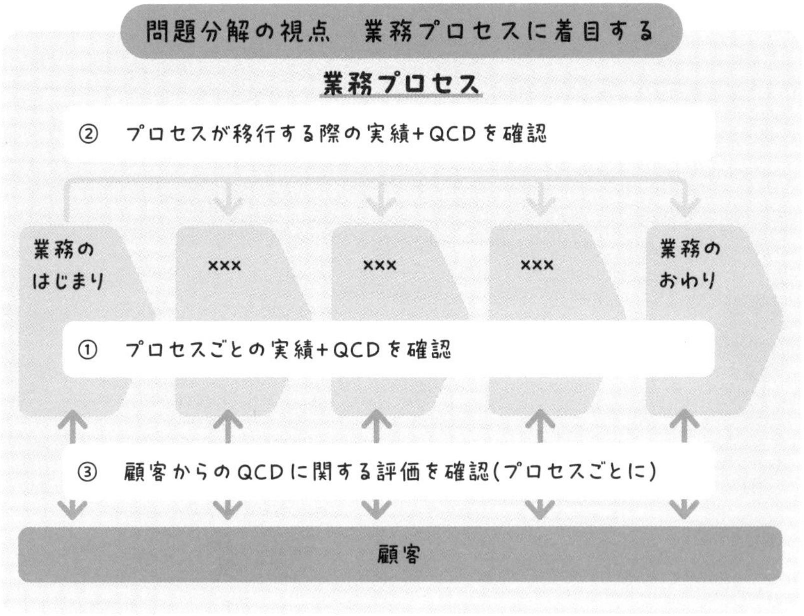

問題分解の視点　業務プロセスに着目する

業務プロセス

② プロセスが移行する際の実績+QCDを確認

業務のはじまり
×××
×××
×××
業務のおわり

① プロセスごとの実績+QCDを確認

③ 顧客からのQCDに関する評価を確認(プロセスごとに)

顧客

QCDはもともと、製造業の品質管理の精度を上げるために考え出された概念です。しかしビジネス全般の問題発見にも幅広く応用可能なので、ぜひ活用しましょう。

Qとは、クオリティ（質）のこと。やり直しや不良、トラブルなどの件数や率を調べれば、ある程度把握できます。また、規定のルールやマニュアルがきちんと整備・運用されているか、その内容は適切か、常時アップデートされているか、といった視点でも問題は洗い出せます。

Cはコスト（費用）です。原価・人件費・外注費などの額や率を確認するほか、予算が超過していないか、予算の配分や用途は適切か、コストを抑えたことで品質への悪影響はないか、というチェックも有効です。

ちなみに私は、もう一つのCとして「コミュニケーション」の要素も加えています。コミュニケーションが一定の頻度でとられているか、話すべき内容が話すべきときに話されているか、という「量×質」で分析するのが良いと思います。

最後のDは、デリバリー（納期）です。遅延の件数や率はどうか、そもそも設定している納期やリードタイムは適切か、といった視点からチェックします。

そうそう、コミュニケーション大切！……って、それ以外の要素、見逃してたかも。

どれかに偏らずに、もれなくチェックしないとね。

分解視点として
「業務プロセスに着目する」は有効

QCDのチェックは定量・定性の両面で

次ページのリストは、先ほど説明した典型的なQCDのチェック項目を「色分け」したものです。

青字の項目は数字で把握しやすいので、日頃からデータを集めておきたいですね。

それ以外は、現場にヒアリングしたりインタビューしたり、実際に使われている書類や帳票などを目で見て、こまめに確認することも大事です。

実績＋QCD観点で問題を洗い出す

実績	・目標達成状況（金額、件数、達成率）
Quality （品質）	・手戻り数や手戻り率 ・ミス数やミス率 ・トラブル数や発生率 ・規定のルールやマニュアルが ・ルールやマニュアルの内容は ・ルールやマニュアルは適切に更新されているか
Cost （費用）	・主要費用（原価／人件費／外注費など）の額や売上比率は適切か ・過度な抑制で、品質への悪影響はないか ・予算額や用途は適切か、予算超過していないか
Communication	・コミュニケーションの量は十分か ・コミュニケーションの質は担保されているか
Delivery （納期）	・遅延件数や遅延率 ・設定している納期やリードタイムは適切か

青字は数字で把握したい項目。
それ以外は、インタビューや帳票確認などで把握しましょう！

QCDの例で説明しましたが、一般的に問題発見は数値化できる情報＝「定量情報」だけに頼るのではなく、現場の声などの「定性情報」もきちんと集めることが不可欠です。

定量と定性、っていうんだね。覚えておこう。

泥臭く地道なアプローチと両輪で、っていうのがいいね！

数字で客観的に事象をつかみながら、定性情報でより詳細に探っていくことで、問題や解決策が見つけやすくなる

1時間目のふりかえり

分解パターンを知らないと、的はずれな切り口になっちゃう。なんか耳が痛かったです。

暗記は暗記でも、仕事で具体的に役立つなら覚える気になるかも。歴史の年号や難しい公式って、これ本当に使うの？　って思うときあるもん。

ここで説明したものは、私が20年くらい社会人をやっている中で、実際に使ったものばかりですよ。しかも何回も。

超実用的ってことですね。頑張って覚えないと。

ぜひ覚えてください。そして、実際に使ってください！
知識があっても、使わないと技術になりませんから。

お父さん、海外旅行に連れてく連れてくって言って、
まだ一度も実現してないのと同じ!!
約束は覚えるものじゃなくて、ま・も・る・も・の！

もろもろ頑張ります！

その意気その意気！それでは続いて、仮説構築力の高め方を学んでいきましょう。

2時間目 仕事に効く仮説構築力

この時間の目標

仮説構築力を向上させよう！

キーワード □真因特定 □単回帰分析と重回帰分析 □ビジネスアジャイル □インプットの量×質 □思考習慣

「回帰分析」で真因を特定する

改めて、問題発見と課題設定の流れをおさらいしましょう。

問題発見は、WHAT（問題は何か・本当に問題か）とWHY（要因は何か・真因は何か）を探るプロセス。

課題設定は、WHICH（どの問題を課題に選ぶか）と、HOW（どのようにして解決するか）を決めるプロセスでしたね。

この４要素はいずれも大事ですが、**最も重要な鍵となるのはWHYです。なぜ、その問題が起きているのかということ——つまり要因、中でも「真因」を特定できれば、それがとりもなおさずWHICH＝解決すべき課題だと即決できます。**言うまでもなく、解決したときの成果も大きくなります。

根本的な要因を見つければ、一気に解決に近づくんだな。

「WHY」を忘れちゃだめね。

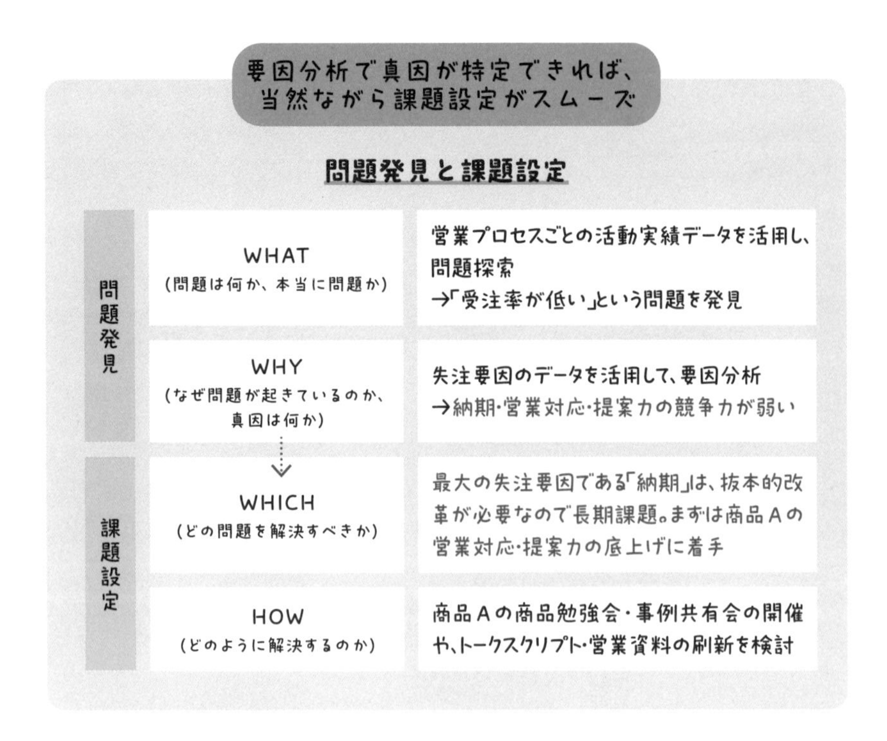

真因とは、問題を引き起こしている大元のこと。問題は色々な要因が複雑に絡みあって発生していますが、その影響度には大小があります。**回帰分析とは、ごく簡単に言うと、その影響度の大小を明らかにする方法のことで、「単回帰分析」と「重回帰分析」の二種類があります。**

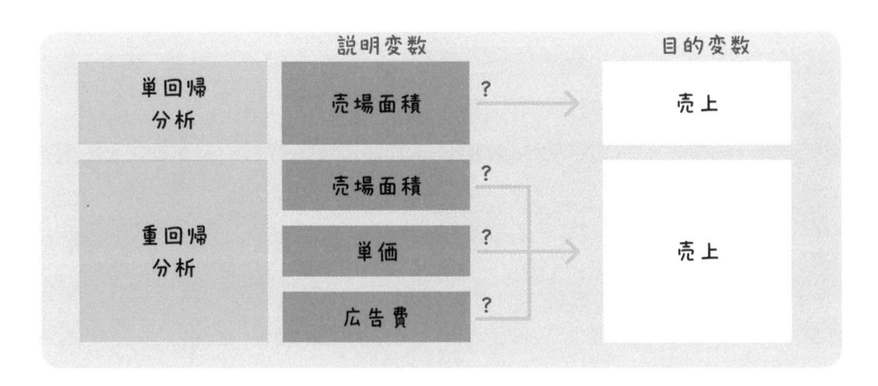

単回帰分析とは、たとえば「売場面積が大きくなる」→「売上が増える」という１対１の関係性を明らかにする手法。

重回帰分析とは、売場面積・単価・広告費など複数の要因のなかで、「どれが、どれくらい」売上の大小に影響しているか、を明らかする手法です。

これらの要因のことを、回帰分析では「説明変数」と呼び、売上のことを「目的変数」と呼びます。

説明変数は無数に考えられます。立地、品揃え、売れ筋商品の陳列方法、天候、周辺でのイベントの有無など。もしかすると、「現場スタッフが不慣れだから」が真因かもしれません。

もしそうだった場合、「各店舗の社員の平均勤続年数」といったデータを説明変数として活用しない限り、真因は特定できないことになります。

回帰分析の肝（きも）は、ここにあります。

仮説で「真因候補」をしっかりと洗い出せていないと、永遠に真因は特定できません。ここは、「非専門家」のデータ活用の生命線と心得ましょう。

父さんの出番が来たってことだな。

「これ」っていう真因を仮説で見つけ出してね。

真因特定に使えるのが「回帰分析」。そして、真因候補を洗い出すには仮説構築力がやっぱり重要

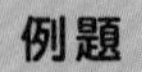

「売上昨対割れ」の真因分析をしてみる ― 売上不調要因の真因特定

ある会社が「売上が昨年より悪かった」という事態に際して、現状分析を行ったとします。

しかし、**色々データを見ても真因が見つからないという状況です。**

過剰な値引きを疑って売上分解をしても、やや値引きが増えているものの、さほど大きくはない。商談の質、たとえば「クロスセル（併せ売り）をきちんとしていないのでは」という仮説も、その傾向が多少見られるだけ。営業人員数もさして減ってはいないし、失注も目立った増加はない、という具合でした。

要因はいくつも見つかるものの、「これだ！」と思える決定打が見つからない。**これは真因に至る仮説を、まだ考えついていないときの兆候です。**

Q では、真因は一体何だったのでしょうか？

某IT企業(B to B)の売上が、創業以来初めて昨対割れという事態に。
稼ぎ頭であるA事業の販売単価・数量が大きく減少していることがわかりました。それぞれの減少要因と必要なデータを仮説で考えてみましょう。

1期：売上昨対割れ ▶▶▶ 2期

売上分解	要因の仮説	仮説検証に必要なデータ
販売単価	値引率の上昇	A事業の商品別値引率の推移
	商談の質の低下	CSアンケートの結果
	クロスセルの減少	A事業のクロスセル(商品併売)状況の推移
× 数量	営業人員数の減少	営業人員数データ
	商談数の減少	プロセスごとの実績と移行率
	別商品への発注	失注件数や失注率の推移

図に書いてある要因の仮説に関しては、該当データ（「仮説検証に必要なデータ」）を調べてもとくに何も出てきませんでした。

え～～～、詰んだ。じゃあ、何が原因だったのよ！

しかし**「営業人員の質」に着目したところ、突破口が見つかりました。**

年齢・年次構成を調べると、新人の比率が高いことが判明。そして改めて値引き率や、クロスセル関連のデータを調べたところ、全体では「やや」減っているだけだったのが、新人だけで集計しなおすと、大幅に減少していたのです。

また、**失注が増えていないように感じられたのは、失注データが入力されていなかっただけ**、という原因が判明。これも、新人がまだその要領を学んでいなかったからです。

つまるところ、**新人比率の増加が大きな要因でした。**ということは、入力作業の重要性を含めた業務の詳細を先輩営業が教える、商品知識の勉強会やロールプレイングを増やす、などが解決策だとわかります。

もう一つ有効だったのが、**競合他社との比較という視点**です。競合が営業人員数を大幅に増やしており、相対的に自社が弱くなっている、という要因が見えてきました。

いきなり真因にたどりつくのは難しいのかもな。

一度わかってしまえば「なーんだ、そんなことか」と感じる単純な視点なのですが、実際にこのような盲点はよく生じます。そうならないためにも、いろんな分解パターン（159ページ）や比較軸（177ページ）を試して、多面的に仮説を考えるようにしましょう。

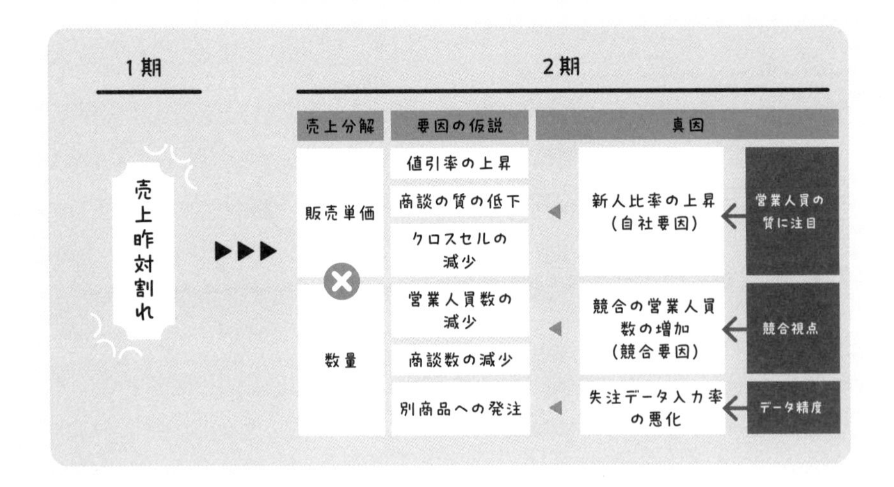

真因を見つけるのって、ひたすら粘り強くって感じ。

「ひょっとしたらこれが真因かも？」って仮説が浮かぶためには、知識や経験が重要なんだな。

真因はすぐには見つからない。あれこれと思案して、多面的に仮説を考える。粘り強く！

ビジネスアジャイルのすすめ

データ活用とは、データからわかったことを基に「アクションをして、問題解決につなげる」ということでした。ですから、最終的にはデータを机上で分析するだけでなく、常に現場で検証することが不可欠です。

ここで参考になるのが、システム開発の現場で活用されている**「アジャイル開発」**です。

アジャイル開発とは「こんなものがあったらいいかも」「この機能は役に立つかも」という仮説をまずつくり、仮説を検証できる機能を少しずつ開発し、実際に使ってもらってレビューして、改善する、というサイクルを2週間～1か月間隔で進めていくやり方です。

これと対置されるのが、ウォーターフォール開発という手法です。

こちらは、要件定義というプロセスで何をつくるかを1～2か月、場合によっては数か月かけて行い、その後の基本設計やプログラミングにも数か月ずつかけるやり方。この場合、実際に動くシステムに触れるまでに時間がかかり、いざ使ってみると「なんか違う」となることもままあります。その解決策として、アジャイル開発が注目されるようになったのです。

この考え方を、ビジネスで応用しましょう。すなわち、**「ビジネスアジャイル」**です。

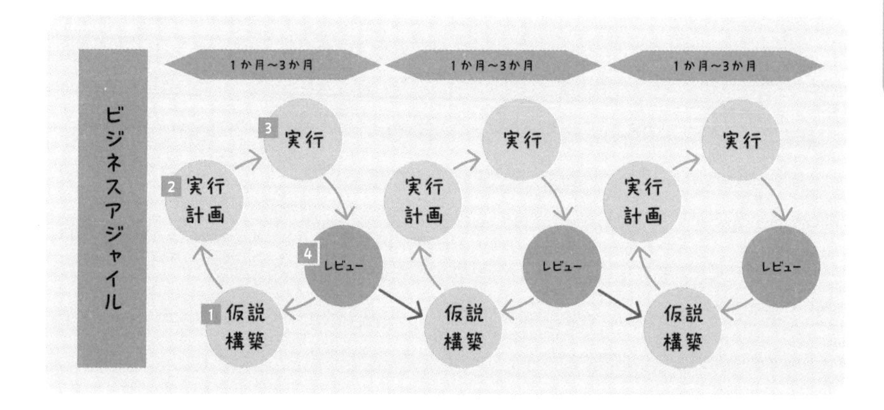

ひとまず真因を特定し、アクション仮説を立てたら、それを「部分的に」実行し、検証するのです。

あくまで部分的・限定的に始めるのがコツ。今の業務を全部、新しく更新するのは、失敗したときのリスクが大きすぎるからです。変更範囲を決め、実行計画を立て、アクションに移し、レビューするというサイクルを、だいたい四半期単位程度で回していく。**お馴染(なじ)みの言葉でいえば、PDCAの高速化ですね。**

このように、仮説検証を現場で繰り返すことによって、「これが真因だった」とわかっていきます。そもそも初回の分析で真因が見つかることは稀(まれ)で、見つかったらラッキー。「〜かもしれない」から一歩踏み出して、すかさず実行に移し、仮説を検証する習慣をつくっていきましょう。

少しだけやってみて、うまく行ったら範囲を広げていけばいいのか。

「お試し」を繰り返してだんだん良くしていくイメージね。

結局、やってみなければわからないことが多数。部分的に、仮説を検証するためのオペレーションを実行して、机上ではなく実務で仮説を検証しよう！

事例紹介

仲良し夫婦と離婚夫婦の違いは？

真因を仮説で考えるとか、実行して検証する大切さなどはよくわかりましたが、ちょっとハードルが高そう。やれるかな……。

そんなお父さんのために、もう一つ、身近な例を紹介しましょう。

私自身が企画したプロダクトの話です。自分で言ってしまいますが、**「比較と仮説」がパワフルな効果を発揮した、記憶に残る仕事です。**

なになにそれ、めっちゃ気になる！

プロダクト開発の目的は、夫婦仲の改善でした。ターゲットは、未就学のお子さんのいるご家庭です。

社会問題にもなっている「産後クライシス」をはじめ、子供が生まれた後の数年間は、夫婦関係に溝ができやすい時期。その実情と、解決アクションを探るため、まずは調査を始めました。

ターゲット層のご夫婦を対象に行ったアンケートで、このような質問をしました。

「あなたが夫・妻に対して、もっと言葉で伝えてほしいと思うことは何ですか？」

もっと伝えてほしい言葉を自由に書いてもらったところ、仲の良いご夫婦と悪いご夫婦で共通していたのは、１位は「ありがとう」、３位は「お疲れ様」。

ところが、２位は違ったのです。さて、何だったでしょう？

Q. あなたが、夫・妻に対して「もっと言葉で伝えてほしい」と思うことを、「伝えてほしい」と思う順番に5つまでお選びください。

もっと伝えてほしい言葉（上位3位）

	仲の良い夫婦（n=206）	仲の悪い夫婦（n=206）
1位	ありがとう	ありがとう
2位	???	???
3位	お疲れさま	お疲れさま

（未就学の末子がいる20−69歳男女412名）

仲の良いご夫婦の２位は、「愛している」。対して、仲の悪いご夫婦の２位は「ごめんなさい」でした。

「ごめんなさい」、父さんはしょっちゅう言ってるなあ。

「愛してる」は言ってないでしょ～？

仲の悪いご夫婦は、「相手が謝らない」ことに不満を積もらせている様子がまざまざと浮かび上がった形です。

もう一つ、印象的な質問があります。

「直近１年以内に、あなたは配偶者と一緒に以下のことをしましたか？」

デートや外食などのイベントを選択肢として用意して答えてもらい、「仲が良い」「普通」「悪い」「すでに離婚」というグループごとに比較してみたところ、**もっとも差がくっきりで出たのは、「結婚記念日を祝う」というイベントの有無でした。**

仲の良い夫婦の80％以上が、結婚記念日を祝っていて、離婚した夫婦の80％以上が結婚記念日を祝っていなかったという、対照的な結果が出たのです。

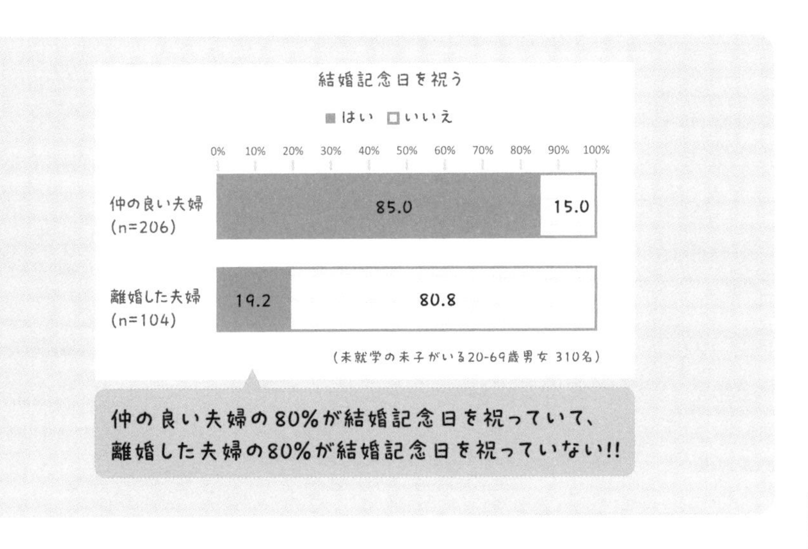

《続・事例紹介──「第２の婚姻届」が誕生！》

そこで、結婚記念日を祝うキッカケを提供する何かをつくろう、ということになりました。

そうしてできたのが、「第２の婚姻届」です。

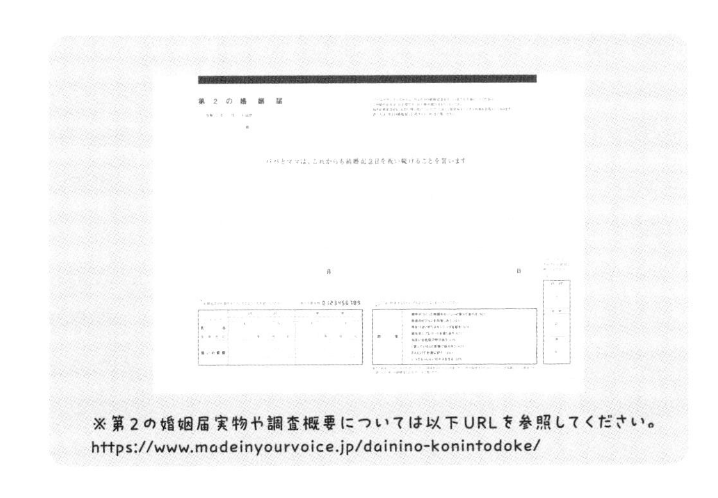

※第２の婚姻届実物や調査概要については以下URLを参照してください。
https://www.madeinyourvoice.jp/dainino-konintodoke/

これは、結婚記念日を夫・妻・子供がみんなで祝い、「仲良くなるための約束事」を確認し合うための誓約書です。

「パパとママは、これからも結婚記念日を祝い続けることを誓います」という文言の下には、結婚記念日を「塗り絵」で描けるデジタル数字。

書名欄の傍らには「約束」の欄。「相手がつくった料理をおいしいと言って食べる」「将来のビジョンを共有しあう」「お互いを名前で呼び合う」など、調査で浮かびあがった仲良し夫婦の秘訣をチェックリストにしています。もちろん、「『愛している』と言葉で伝え合う」もあります。

毎年、結婚記念日がくるたびにこの婚姻届けを書く（描く）ことで、忙しい日々であっても、幸せなコミュニケーションが活性化するように、という願いをこめています。

「第２の婚姻届」はおかげさまで、とてもご好評をいただきました。

どうしてこんなにうまくいったのかしら？

成功の理由はまず、調査の際に「仲良し夫婦」～「離婚夫婦」という比較軸を設定したこと。仲の良し悪しによって、価値観や行動に大きな差があるはずだと考えたのです。

ちなみに仲の良し悪しは、夫婦の自己評価です。すでに離婚している方々についても調べるのは、デリケートなテーマなだけに少々勇気が要りましたが、「そこまで踏み込んだほうが明確な結果が出るはず」という仮説をもっていました。

また、差を際立たせるための質問項目の中に、「伝えてほしい言葉」を入れたことと、「結婚記念日を祝う」という選択肢（P.217）を独立させたことも成功要因です。ただの「記念日」ならば、ここまで対照的な結果は出ず、結果として「婚姻届」というアイデアにも結び付かなかったでしょう。これも、「結婚記念日は重要なはずだが、軽視されているかも」という仮説が当たりましたね。

ただ、プロダクト開発としては成功しましたが、世の中の夫婦仲を改善するという社会課題に与えた影響は微々たるもの。問題解決までがデータ活用、ということを考えると、まだまだまだといったところです。

仮説構築のポイント

- 比較軸（＝分析軸）として、仲良し夫婦と離婚夫婦という「人」
- 結果に差が出るであろう「行動」
  - 「もっと伝えてほしいこと」という質問項目
  - 「結婚記念日を祝う」という選択肢

← 仮説で事前に想定する！

「愛してる」なんて言ったらお母さんびっくりしそう……。

喜ぶと思うけどな。私は結婚したらずっと言うし、言われたいし。

良い調査結果を得るためには、どのような「人」の、どのような「行動」を比べると発見がありそうか？　を仮説で考える。

仮説思考を育てる方法①
——基本編

さて、これまで仮説構築力が大事、と繰り返してきましたが、どうしたら良い仮説を生み出せるようになるのでしょうか。**その答えはシンプルに「インプットの量×質」、これに尽きます。**

量と質をバランスよくインプットすると、仮説づくりが効率的になる

量	質
問題分解パターンやフレームワークはとりあえず丸暗記	ビジネスシーンで活用頻度が高いものに絞り込む
仮説対象の関連書籍を最低3冊読み、大まかな「構造」「要素」「ポイント(KW)」理解	全体を網羅、「長い期間」読まれているベストセラー、最新トピックを押さえている書籍を各1冊
ポイントをキーワードにして、最新情報や周辺情報を定期的にアップデート	情報チェックの5W1H(P.299)を使って情報を精査
仮説対象の現場や実物を実際に体験する(見る、聞く、触れる、味わう、嗅ぐ)	隣接領域も積極的に体験する
現場経験者にインタビューする	インタビューも仮説をもって臨む

インプットの量

量ではまず、第三日で話したような問題分解パターンやフレームワークはとりあえず丸暗記しましょう。それらは、どのような業界や商材にも通用する汎用的な知識です。それから、**仮説を考えたい関連テーマの書籍を最低3冊読み、構造や重要ポイントなどを理解しましょう。**

書籍は体系的にインプットするには最適ですが、時間が経つと情報鮮度が落ちるという弱点があります。WEBも活用して、最新情報をこまめに仕入れてください。

加えて、今、自分が解決したい問題・課題と関わる事象が起きている「現場」に行く。見る、聞く、触れる、味わう、嗅ぐという五感によるインプットはインパクト大です。**現場に行けなければ、せめて現場経験者にインタビューしましょう。**

インプットの質

質に関しては、前述の３冊の書籍を、「適切に」選ぶこと。構成は、①広く浅く全体を網羅しているもの、②古くてもいいから長期間読まれている古典やベストセラー、③最新トピックを取り上げた軽いものを選ぶ、とバランスよくインプットできます。

インプットは、WEBだけに頼ってはいけません。WEB情報は断片的なので、構造的な理解につながりにくいからです。

また、現場に行くときは「行くだけ」で終わらないようにしましょう。現場の状況や当事者の様子を丁寧に観察し、何が起きているのか、なぜそうなっているのかを、その場で考えることが大切です。**インタビューの際は単に「教えてください」ではなく、事前に現状仮説やアクション仮説を考えて、それを質問に落とし込み、聞きたいことを明確にしてのぞみましょう。**

量×質

そして、**これらインプットから何らかのヒントを得たら、「ビジネスアジャイル」で即検証しましょう。これを毎日続けて１年、３年、５年……と時間が経つほど、精度の高い仮説構築力が身についていきます。**何もしていない人とは、雲泥の差が付きます。

なお、仮説構築力の有無は、外から見てハッキリわかるものではありません。ですから必要性や危機感をもちにくく、磨こうとする人はごく少数。だからこそ、「見えないけれど、大きな差」をつけるチャンスとも言えるのです。

クリエイティブな仕事をしている人にも役立ちそうだ。

良い仮説を生み出すには、経験・体験の絶対量を増やし、そこで感じた疑問を考える習慣をもつことが最重要

仮説思考を育てる方法②
——日常編

仮説構築力は一朝一夕には育ちません。何らかの変化を実感するまでには、最低でも１年くらいかかる、と見ておいたほうが良いでしょう。

しかし一方で、**その力は「ゼロから育てるものではない」ということも覚えておいてください。**

なぜなら、誰もが何らかの業務経験を積み重ねているからです。経験は仮説構築の源です。

営業なら営業、エンジニアなら開発、事務なら事務の分野で様々な問題に突き当たり、成功なり失敗なりを重ねてきた年月は、仮説構築の土壌となっています。そこには、どんな専門家にも勝(まさ)る「**仮説のモト**」が眠っています。データ分析の専門家よりも確実に、その業務領域における仮説を出せる準備は整っているのです。

必要なのは、その土壌を耕す努力。「仮説のモト」は深く埋もれていますから、耕す際には多少の苦労はあるでしょう。しかし一度耕されれば、あとはスムーズです。

自分の中にそうした可能性があることを知ること、信じることが大事です。

仮説は思いつきではない

仮説 ≠ 思いつき

仮説 ＝ 厚みある体験・知見に支えられている仮の答え

耕す方法は、先ほどお話しした「インプットの量×質」をすべて実践するのが一番ですが、「ハード過ぎて三日坊主になりそう」と感じたならば、もっとカジュアルなところから取り組んでみましょう。

たとえば週末に家族で出かけた際、「今日はいつもより電車が空いている」「先週と同じ曜日、同じ時間に来たのに、どうして？　学校の催しで登校しているのかな？」のように、ちょっと頭を使うだけでも仮説思考のトレーニングができます。

そのときはただ思案するだけではなく、軽くスマホで調べるとなお良いでしょう。たとえばショッピングモールに行って、いつもとやや客層が違ったら、そのモールや街の名前と併せて「イベント　○日」などのキーワードで検索をしてみるのです。すると「そうか、先週はライブをやっていたけれど、今週はないから、若者が少ないのか」という風に、仮説を立てられるでしょう。

こうして頭をつかう習慣ができてくると、もっと「筋のよい」仮説を立てたい、という向上心が芽生えてくるものです。そのタイミングで「インプッ

トの量×質」に着手するのがオススメです。インプットが充実してくると、仮説の精度が格段に上がるのを実感できます。すると、さらに磨きをかけたくなってくるはず。その好循環の波に、ぜひ乗りましょう。

これまでの経験・体験を定期的に耕し、頭をつかう訓練を習慣づけることで、筋のいい「仮説」が立てられるようになる

仮説思考を育てる方法③ ——中学生編

仮説思考は社会人になってからではなく、小中学生でも身につけられるものです。

教科書に出てくる題材に興味をもてなかったら、**自分の興味のあるテーマで、「なぜ〜なのだろう」「もしかしたら〜だからかも」「じゃあ、こうすると良いかも」と考える習慣をもってほしいところです。**

友だちの間で流行っている動画やゲーム、人気の芸能人やキャラクターなどがあったら、「なんでみんな好きなんだろう？」「ストーリーが面白いのかな？」「ツンデレだからかな？」という風に、流行や人気の理由を考えてみる、という具合です。友だちの理解が深まるキッカケにもなると思います。

平日、学校生活でできることもあります。周囲の人々は皆、毎日顔を合わせている友人もしくは知り合いですから、気軽にインタビューができます。たとえば、**成績の良い子がどのような勉強方法を実践しているのかを聞いてみてはどうでしょう。**

中学生ともなると、自分や周りの成績について意識するはず。ならば、「なぜあの子は安定的に良い点が取れるのか？」を考察するのはとても有益です。

人によってやり方は様々でしょう。単に時間をかけているだけなのか、出題予想が上手なのか、そもそも普段から授業をしっかり聴いているのか。いろんな工夫の中に、自分にも活かせるヒントがあるはずです。

「自分よりデキる子」にインタビューするなんて悔しい、という心理が働くこともあるかもしれません。でも、その恥ずかしさは勇気をもって捨てちゃいましょう。なぜなら、優れた相手から学ぶ姿勢は、社会人になったときに必ず役立つからです。

ビジネスの世界に入ると、「あの人にできて自分にできないのはなぜか」「競合他社にあって、自社にない強みは何か」などと考える機会はしょっちゅうあります。**そんなとき「悔しいな」や「どうやってるんだろうね」だけで終わるか、きちんと向き合って調べるかで、未来は大きく変わります。**
「なぜこうなる？」「こうするとどうなる？」と考える習慣と、ためらわず素直に情報を取りに行く習慣。この二つを、人生の早い時期から養っていきましょう。

子供でも、仮説思考を磨く機会はたくさんある。「なぜだろう？」「どうすればよいだろう？」と思いを巡らせていると、人生が変わるかも

2時間目のふりかえり

2時間目も濃かった～！　でも、私も仮説思考やれそうだな、ってことがわかったよ。

そうだよね。**思考は積み重ねが大事なんだから、早期から始めればすごい武器になるよ。**

さっき「成績のいい子にインタビューしてみよう」って話があったでしょう？　それならおしゃべりの延長でできるし、勉強っぽくなくていい！

そう、ぜひやってみてください。そして**「アジャイル」で実践すれば、仮説思考も育つし、成績も上がるし、一石二鳥ですよ！**

夫婦間コミュニケーションのアンケート結果も、単純集計やクロス集計なのに、すごい説得力があったな。

アンケートから何を得られるかって、本当に仮説や比較で決まるんですよ。
もし**得られるものが少ないなら、手法よりも使い方が悪いってこと**です。

正直、アンケートって簡単だよね……って思ってました。

よくある誤解です。でも、お父さんはもう違いますね！
さて、これでデータ活用に必要な仮説構築力、問題発見

力や課題設定力の話はおしまいです。ここで改めて、次の図を見てみましょう。

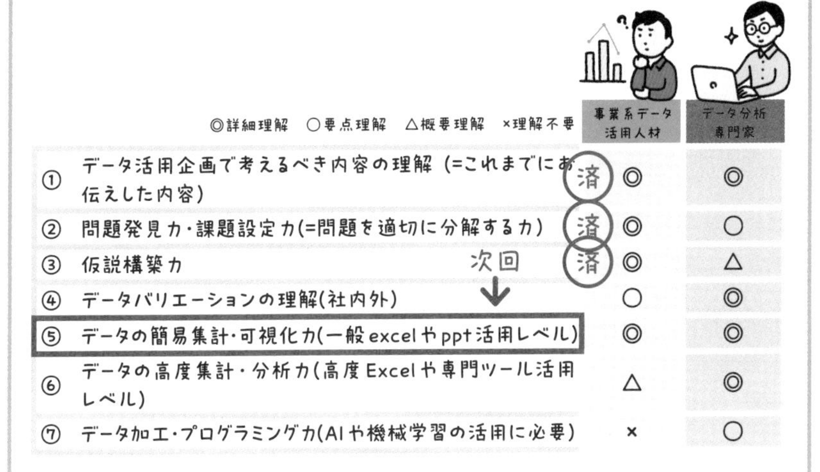
◎詳細理解　○要点理解　△概要理解　×理解不要

			事業系データ活用人材	データ分析専門家
①	データ活用企画で考えるべき内容の理解（=これまでにお伝えした内容）	済	◎	◎
②	問題発見力・課題設定力（=問題を適切に分解する力）	済	◎	○
③	仮説構築力	済	◎	△
④	データバリエーションの理解（社内外）		○	◎
⑤	データの簡易集計・可視化力（一般excelやppt活用レベル）	次回	◎	◎
⑥	データの高度集計・分析力（高度Excelや専門ツール活用レベル）		△	◎
⑦	データ加工・プログラミング力（AIや機械学習の活用に必要）		×	○

事業系データ活用人材になるために必須の、上から３つの◎が終わったんですね。

はい、そうです。
それでは続いて、４つ目の◎「データの簡易集計・可視化力」を学んでいきましょう！

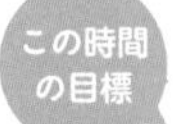

3時間目 クロス集計表の注意点

この時間の目標
クロス集計表を使いこなそう！

キーワード □「fact（事実）」と「finding（発見）」□表頭と表側
□「巧妙なグラフ化」 □「不適切な選択肢」

縦から見るか？　横から見るか？

1・2時間目の話は、「そもそもこの力を持ってないと、データ活用できない」という大前提の話でしたね。

「大前提」が一番重要で一番分厚い、ということがわかりました。

よかったです。3時間目はぐっとカジュアルになりますよ。テーマは、クロス集計表です。

きたきた！　久しぶりに、お父さんより私のほうが詳しい話題♪

「データの簡易集計・可視化力」ってつまり、クロス集計表やグラフを使いこなす力だと思ってもらって構いません。では思い出してみましょう。小学4年生でつくるクロス集計表は、こんな感じでしたね。

けがの種類 × けがをした場所
(目的：けがを少なくしたい)

(単位：人)

	校庭	体育館	教室	廊下	合計
すり傷	6	4	0	0	10
打ぼく	2	3	1	1	7
切り傷	2	0	1	0	3
ねんざ	1	1	0	0	2
合計	11	8	2	1	22

令和4年発行版『新しい算数4 上』(東京書籍) の29ページより引用

時系列 (先週・今週) × 実績
(目的：図書室の本の利用をふやしたい)

(単位：人)

		今週		合計
		借りた	借りない	
先週	借りた	8	3	11
	借りない	4	15	19
合計		12	18	30

令和4年発行版『新しい算数4 上』(東京書籍) の31ページより引用

この表の縦の列を、「表側（ひょうそく）」と言います。で、横の行は「表頭（ひょうとう）」。じゃあビジネスバージョンでも見てみましょう。

売上実績

商品ごとに比較する場合は縦↓に見る

表側	今年の売上（単位：百万円）	昨年の売上（単位：百万円）	売上昨対	商品別利益率
全体	370	225	164%	-
商品A	100	80	125%	70%
商品B	120	70	171%	50%
商品C	150	75	200%	60%

表頭

商品の特徴を見る場合は横→に見る

表側は商品、表頭は収益実績（去年と今年の売上、昨対比率、商品別の利益率）です。商品軸×収益実績なので、これもクロス集計表です。まず全体を眺めると、昨対164％で好調、といったことがわかりますね。

はい。

そこから詳細を確認するとき、表側と表頭で見方にちょっとしたコツがあります。

縦に見るのと、横に見るのとってことですか？

そうです。たとえば、今年の売上を商品ごとに比較したいなら、当然縦に見ますよね。対して、個別商品の売れ方や伸び方といった、「特徴」を見たいときは横に見るというわけです。

ああ、そうか……。

**クロス集計表は、二つの見方で
発見を得ていくもの**

まず全体を見てから、表側で比較する

同じように、「接触メディア」というテーマのクロス集計表を見てみましょう。

これはどのようなメディアと接触しているか、という事をアンケートし、その結果を年代別に集計したものです。

※こちらのデータはダミーです

接触メディア

年代ごとに比較する場合は縦↓に見る

	新聞	テレビ	書籍	雑誌	SNS
全体	27.5	27.6	29.6	26.1	27.2
20代	10.2	15.3	28.3	26.3	56.1
30代	21.9	28.1	31.8	37.1	32.8
40代	32.5	34.7	36.9	27.7	14.9
50代	45.3	32.3	21.5	13.2	5.0

年代の特徴を見る場合は横→に見る　(%)

まず**全体を見ると、各メディアが同じくらいの割合で利用されている印象です。**

しかし、年代ごとに分解すると、非常にコントラストがあることがわかります。

たとえばテレビ。縦に見ると、「テレビをもっとも見ているのは40代で、

20代がもっとも低い」ということが見てとれます。そして40代を横に見ると、書籍とテレビが大体同程度に見られていることがわかります。

一方、20代を横に見るとSNSの利用が突出しており、新聞やテレビはほとんど見ていないことがわかります。そしてSNSを縦に見ると、やはり20代が他の年代よりも突出して高いことがわかります。

このように、**まず全体傾向を把握し、その後、縦横の視点を交互に使いながら解釈していくのが、クロス集計表の適切な見方です。**

全体だけを見ていると、「すべてのメディアが同程度に利用されている」という見方ができます。この結果は、20代でも50代でも「それは違うだろう」ということが肌感覚でわかりますが、もし、知らないものを数字で把握するとなると、こうした表面的解釈がいくらでも起こりえるのです。

全体だけで物事を語れることはほとんどない、分解しないとわからない、ということは１時間目ですでに学んだ通り。**クロス集計表はそうした、「事象を分解したときにわかること」を見るためのツールと言えるでしょう。**

先生、さっきのクロス集計表、ズルだと思います！
だって、回答者の数が書かれていません。

おぉ……。

マナちゃん、流石ですね。
あれは説明用のダミーデータなのですが、ダミーとはいえ、回答者数をきちんと書くべきでした。先生のミスです、ごめんなさい。

アンケートは基本的に標本調査。だから回答者数が少ないと、誤差が大きくなるから鵜呑みにしてはいけない。ですよね？

その通りです！　表やグラフが出てきたら、回答者数やサンプリング方法など、標本調査の品質を確認することが大切です。まいりました。

えっへん！

クロス集計表は、
縦と横の２つの視点を使って解釈する

実務でよく見られる比較軸

ビジネスシーンでよく使われる、クロス集計表の比較軸を知っておきましょう。

もっともポピュラーなのが、年代×性別。ほか、「ライフステージ×所得水準」などもよく見かけます。

年代×性別

	男性	女性
20代		
30代		
40代		
50代		
60代		
70代以上		

ライフステージ×所得水準

	高 HIGH	中 MIDDLE	低 LOW
独身			
ファミリー			
シニア			

ライフステージとは、独身か既婚か、子供はいるか、子供が独立して夫婦二人か、といった、年齢を重ねるとともに変わっていく家族構成や暮らし方のこと。

ちなみに近年注目されている「アクティブシニア」は、活動的な高齢者という購買層です。この人々の購買力が高まっているのを背景に、**60代以上とまとめられていた人々を、60代・70代・80代以上のように分解することが増えています。**

BtoC向け

利用状況×性別

	男性	女性
現利用者		
利用意向者		
利用中止者		
非利用者		

利用頻度×満足度

	満足度高	満足度中	満足度低
ヘビーユーザー			
ミドルユーザー			
ライトユーザー			

上記の表は、利用状況×性別、利用頻度×満足度のクロス集計です。

ある商品やサービスが、誰によってどんな風に使われているのか、どう思われているのか、を知る手立てとなります。**顧客が企業ではなく、消費者・生活者であるBtoCでよく使われる軸です。**

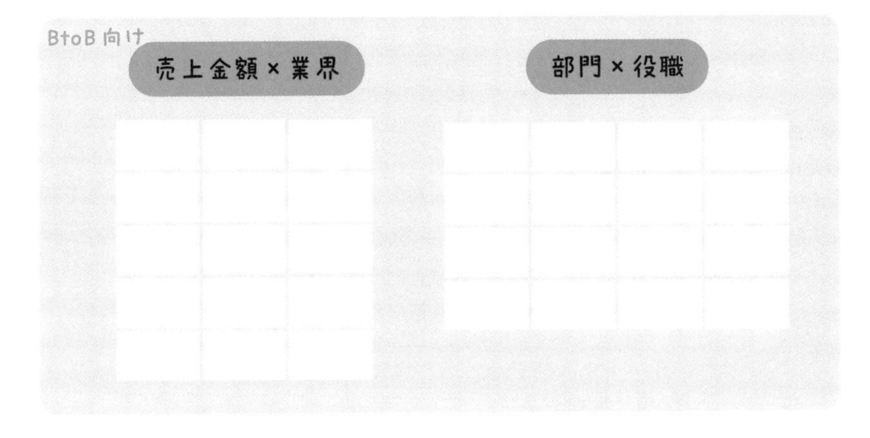

対してBtoB（企業向け）の場合は、売上金額×業界、部門×役職などがよく使われます。

このような定番の軸の組み合わせがあることを覚えておきましょう。ここに数字が入ることで、クロス集計表としてすぐに活用できます。

比較軸は無数にあるので、問題や解決アクションの発見につながりそうな軸を、仮説で絞り込むことが重要

例題 クロス集計表を使って学力分析

ここでいったん、ワークに入ります。事前にマナちゃんにもってきてもらった直近の数学のテストをもとに、クロス集計表をつくってみました。

やだもう、ホント恥ずかしい。数学苦手なのに。

ということは、数学の成績を上げたい、数学が得意になりたい、という課題があるわけですよね。ならばこのクロス集計表をもとに、みんなで解決のアクションを考えてみましょう。

マナちゃんの数学の成績

前回の期末試験	配点	獲得点数	点数獲得率	自己評価
正負の数	18	16	89%	◎
文字と式	10	8	80%	◎
方程式	20	18	90%	◎
比例と反比例	14	10	71%	◎
平面図形	14	10	71%	○
空間図形	12	12	100%	△
データの分析と活用	12	10	83%	△
合計	100	84	84%	−

得意と思いきや、正答率は低め

苦手意識があるが、正答率は高めの水準

縦軸は、中1の教科書の目次を参考にしてつくった分野です。横軸は、各分野の配点、獲得点数、点数獲得率を示しています。

84点か。そこそこいいじゃん。

いや、平均点も良かったんだよ。お母さんにも「もっとできるでしょ」って言われた。

母さんは厳しいな。ところで最後の「自己評価」ってのは？

これまた事前に書いてもらったものです。普段、どの分野が得意もしくは不得意、と思っているかということですね。さてお父さん、何か気づくことはありますか？

「空間図形」が全問正解なのに△？　「データの分析と活用」も、△だけど正当率は高い。

そうそう、そうなんです。

いや、これはまぐれかと……。

一方、「比例と反比例」は、得意かと思いきや、正答率は低め。

自己評価と実際の結果との間にギャップがあるな。

こうして見ると、たしかにそうだね。

若い頃の「苦手」って、あてにならないんですよ。まだまだ経験値が少ないから、最初の印象に引っ張られやすい。課題だな、と思ったときはまず、自己評価だけじゃなく、数字と併せて把握するといいですよ。

比例と反比例、父さんわりと得意だったから教えてやろう。

お母さんみたいに厳しくしないでね。ほめられて伸びるタイプだから（笑）。

課題と思っていることもデータで
確認すると、そうでもないことがある

クロス集計表を解釈する①

ここで再び、前にも登場した「サプリメントの利用状況と興味」の表を見てみましょう。

第一日ではごく基本的なことをお伝えしたのみでしたが、今回は、クロス集計表をつくる「目的」を踏まえた上で、どう解釈すべきかを考えます。

次ページのクロス集計表から読み取れる事を考えてください。

・ありたき姿＝新商品でサプリメントの購入者を増やしたい＝新規顧客開拓

・分析目的＝新規顧客の獲得につながりそうかを明らかにしたい

		【質問】飲むと肩こりが和らぐ特徴をもった、新しいサプリメントについて、どの程度興味がありますか?(単一回答)				
		全体	興味がある	やや興味がある	あまり興味がない	興味がない
全体		1,000	107	379	354	160
		100.0%	10.7%	37.9%	35.4%	16.0%
割付	サプリメント現利用者	200	55	132	13	1
		100.00%	27.4%	65.8%	6.3%	0.5%
	サプリメント非利用者	500	39	156	175	130
		100.00%	7.8%	31.2%	35.0%	26.0%
	サプリメント利用中止者	300	13	92	166	29
		100.00%	4.4%	30.6%	55.4%	9.6%

全体よりも10ポイント以上高いスコア
全体よりも10ポイント以上低いスコア

「ありたき姿」、つまりビジネスの目標は新しく出るサプリメントで、新規顧客を開拓することです。

それが実現できる可能性を、発売前におこなったアンケート結果をもとに判断することが、分析目的ですね。活用するのはクロス集計表です。

そこで重要となるのが、**「fact(事実)」**だけでなく、**「findings(発見)」**です。ちなみにfindingsはファインディングスと読み、一般的に複数形で使われます。

まずfactから見てみましょう。全体数字を見ると、「やや興味がある」と「あまり興味が無い」の評価が同程度になっています。

また、サプリメントの現利用者で「興味がある」「やや興味がある」と答えた人を合わせると93.2%と、非常に高い。逆に非利用者が、「あまり興味がない」「興味がない」を合わせると61%。全体の数値よりも10ptほど上回っています。

このような「──という事実がわかりました、以上」で、終わってはいけません。この事実はどのようなことを示唆しているのか、分析目的を達成する発見は何か、すなわちfindingsが必要なのです。Findingsの日本語訳は様々ありますが、私はConclusion（結論）よりはニュアンスの弱い、発見・知見・示唆のような意味合いで使っています。

えーっと、サプリを使ってない人には新商品は興味をもってもらえそうにないですね。

いい線いってますよ。すなわち、**新商品は現在のサプリ利用者の興味を引くことはできるけれど、非利用者や中止者に興味をもってもらえるとは思えない＝「新規顧客獲得見込みは低い」**ということです。

このfindingsがあるからこそ、「だったらどうする？」「何ができる？」という解決策へ思考が向かうのです。

Fact
（事実）

① 全体値でスコアを見ると、「やや興味がある(37.9%)」と「あまり興味が無い(35.5%)」であり、評価が二分している印象
② サプリメント利用状況ごと(比較軸)に見ると、現利用者TOP2が93.2%と非常に高い。
③ 非利用者はBOTTOM2が60%以上であり、「興味がない」は全体と比べて10pt以上高くなっている。

Findings
（発見・示唆）

新商品コンセプトは、現在のサプリ利用者の興味喚起には有効だが、非利用者・中止者の興味喚起の効果は薄い、つまり新規の顧客獲得見込みは低いということが読み取れる。

事実だけだと「で、何？」って思っちゃうもんね。

集計表の解釈はFactの羅列で終わらせず、分析目的を果たすFindingsの抽出まで！

クロス集計表を解釈する②

今度は、グラフになったクロス集計表を解釈してみましょう。

A～Eの５つの商品についての認知度と、好きかどうかを、アンケート調査した結果です。

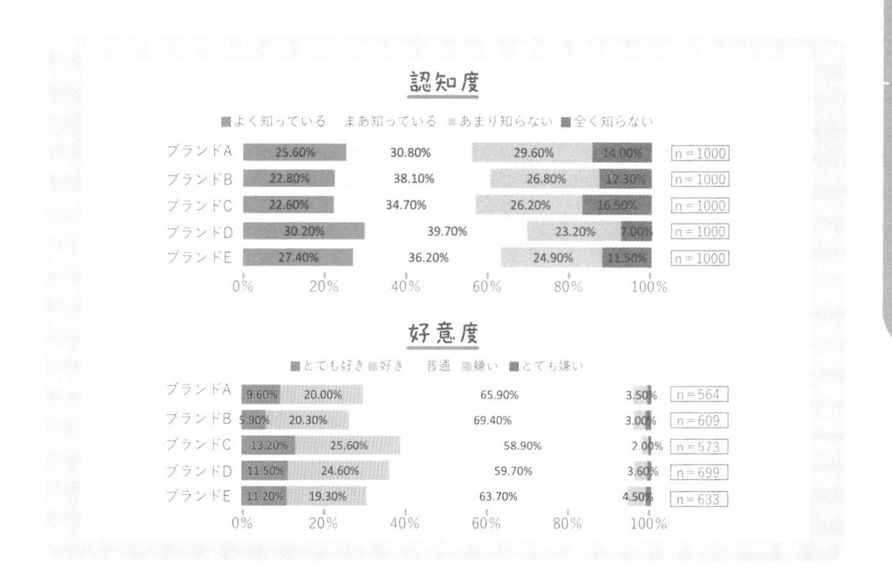

認知度のグラフで、「よく知っている」「まあ知っている」を足した数字を

見ると、ブランドCが57.3%なのに対し、ブランドDが69.9%と、12ptも上回っています。

好意度では、「とても好き」「好き」を合わせた数字がブランドCでは38.8%、ブランドDが36.1%で、ブランドCの好意度のほうが2.7ptだけ上回っています。

「従って、市場で認知されているのはブランドDだが、好意をもたれているのはブランドCです」

——**という解釈は、不正解です。**

えー、なんで??

好意度のグラフでは、回答者数（n）がバラバラですね。これは、商品認知者に好意度を聞いた結果だからです。商品を知らなければ、好きかどうかは答えられません。

これが、間違いのモトです。

市場での好意度を把握するには、その商品を知らない人も含めた、全体での比率を算出しなくてはいけません。改めて回答者全体の1000人で換算すると、

ブランドC　573×38.8%÷1000＝22.2%
ブランドD　699×36.1%÷1000＝25.2%

となります。認知度・好意度ともにブランドDのほうが高い、という解釈が正解なのです。

このように、**回答者の数と、誰が回答しているかに注目して、元となる数字（ここでは1000人）を揃えないと、解釈が狂ってしまう事があります。**つくるときに間違わないこと、見るときにも必ずチェックすることを心がけましょう。

ちなみに、%の差を伝えるときは、%ではなくpt（ポイント）を使います。

というのも、「全体の50%よりも11%高い数字でした」と伝える場合、伝える人は50%+11%=61%を思い浮かべていますが、50%×1.11＝55.5%だと理解する人もいるからです。これは聞く側ではなく、伝える側の問題ですね。

グラフになると、集計表よりも何だかチェックが甘くなっちゃうな。

回答者数をチェックするだけでなく、正しい解釈につなげないとダメだね。

数字を解釈する際には、設問の回答者数や誰が回答しているかに要注意

クロス集計表を解釈する③

今度は、次のようなクロス集計表と、それをグラフ化したものを見てみましょう。

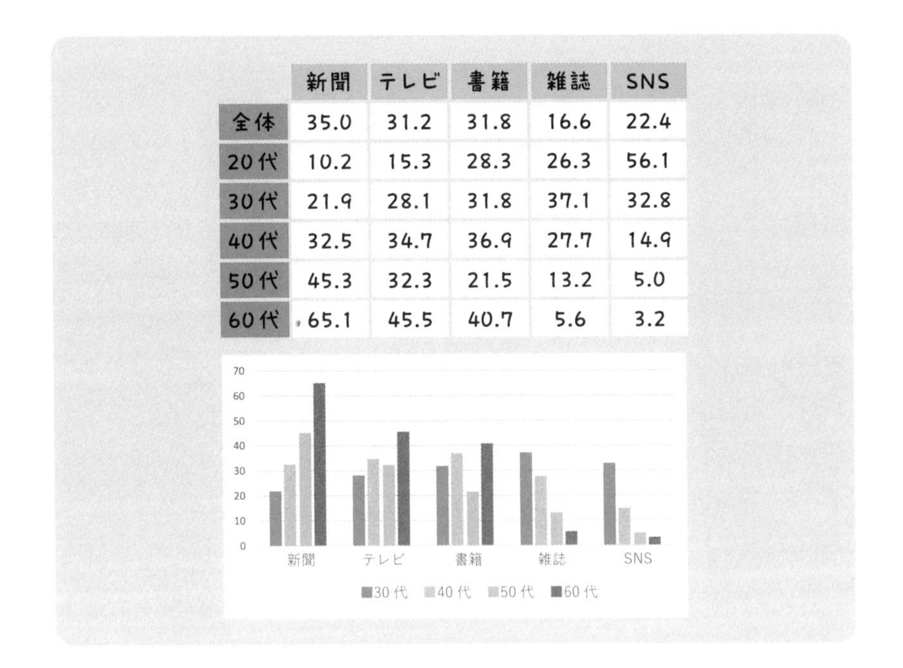

	新聞	テレビ	書籍	雑誌	SNS
全体	35.0	31.2	31.8	16.6	22.4
20代	10.2	15.3	28.3	26.3	56.1
30代	21.9	28.1	31.8	37.1	32.8
40代	32.5	34.7	36.9	27.7	14.9
50代	45.3	32.3	21.5	13.2	5.0
60代	65.1	45.5	40.7	5.6	3.2

グラフを見ると、全般に新聞とテレビが多め、という印象がありますね。

従って「新聞とテレビは幅広い層に見られている」――と解釈するのは、果たして妥当でしょうか。

実は**ここには、分析者の作為がありました。分析者の意図に合致する部分「だけ」がグラフ化されているのです。**

上の集計表と比べてみてください。**20代だけがグラフ化されていません。**

並べていても、違いに気づかないことがままある、とわかっていただけたのではないでしょうか。

これ、ひどいなあ。表と並んでいてもスルーしちゃう。表がなければ、絶対に気付けないよ。

怖いですよね。でも、会社の資料でグラフが使われているときって、表と並べて表示されていることってほとんど無く、だいたいグラフだけです。玄人さんは恣意的なグラフ化ができちゃったりするので、要注意です。

加えて表頭にも、実は罠がありました。**選択肢に「WEB」が入っていない**ということです。WEB閲覧を含めれば、新聞やテレビをはるかに上回る数字が出てきたはず。こうした不適切な選択肢にも、注意が必要です。

このような罠は、単に知識不足で起きることもあれば、意図的に行われていることも残念ながらあります。あるいは作成者の意図でなくとも、クライアント企業から「当社に不利だからその数字は出さないで」と言われたから……というケースも存在します。どんな理由であれ、罠にはまるわけにはいきませんから、いつもチェックの目は光らせておきましょう。

データを見慣れてない人なら信じちゃうよね。データについてもっと勉強しないと。

作成者による「巧妙なグラフ化」「不適切な選択肢」にダマされないように気を付ける

3時間目のふりかえり

クロス集計表の解釈、僕はまだ甘いです。不備や作為に気づくには、やはり慣れしかないんでしょうか？

そうですね。まず、**「漠然と見ないこと」**を心がけてください。**表側・表頭の選択肢を一つひとつ、数字の一つひとつを丁寧にチェックすると良いですよ。**

そうそう、それで思ったんですが、**さっきの接触メディアの集計、70代以上が入ってないですよね。**

早速、いい指摘！　そうなんです。この高齢化社会で、なんで入ってないのっていう話ですよね。よく気づきましたね。

あ、じゃあ私も！　SNSだけでWEBが入ってなかったって話、あれ、どっちに入れていいかわからないものもあると思うんです。YouTubeはSNSに入るのかな？
SmartNewsやLINEニュースはWEBでもSNSでもないよね。ニュースアプリとか？
でもLINEニュースはコミュニケーションアプリ内のサービスって感じだし……。
なんか複雑。

これまたいい指摘。**言葉の定義を曖昧（あいまい）なままにしないで、選択肢をMECEにあらい出すのはとても大切です。アンケートだけでなく、システムやフォームの入力画面、失注要因や回帰分析の説明変数などもそうでしたね。**

そもそも、SNSを全部一緒にまとめているのも違和感があるな。インスタとTikTokとTwitter、全部利用目的が違うし。

ええ〜、そこ分けちゃう？

うちら世代からすると、むしろ「新聞・書籍・雑誌」こそぜんぶ「紙」ってまとめていいと思うよ。

おお、これが若者の意見……！

世代間ギャップを感じますね。でもお二人とも、もっともな指摘。進歩してますね～。

いやあ、まだまだ。自分でクロス集計表をつくってみたらもっと進歩するかな。

いい方法です。**さっきの「接触メディア」のデータをイチからつくるつもりで、表頭と表側を洗い出してみるのはすごくオススメ。**

お父さん、それ一緒にやろうよ。SNSをどう分けるのかとか、話し合いたい。

ぜひぜひやってください。異世代間理解のためにも！

豆知識　超カンタン！　ピボットテーブルの使い方

「ピボットテーブル」を使うとカンタンにクロス集計表をつくることができます。ここではそのやり方を教えます。Excelをご用意ください。

ステップ1

①ローデータを準備する。②③ピボットテーブルを挿入。

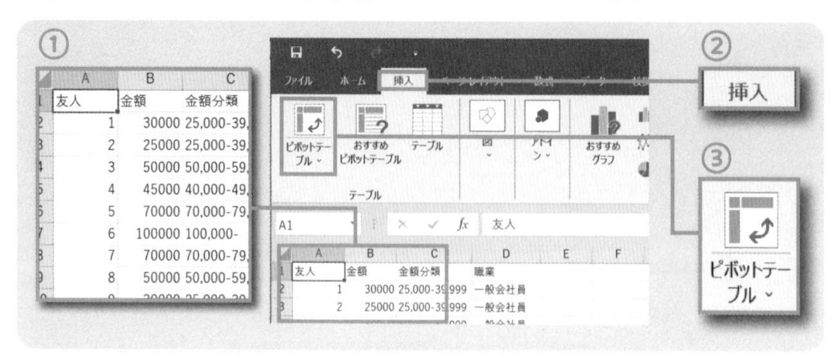

ステップ2

集計したいローデータが、すべて範囲指定されていることを確認して、OKをクリック。

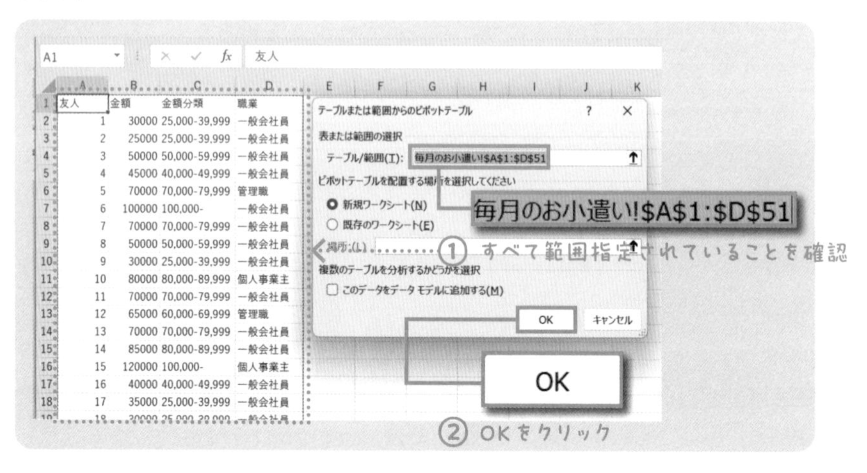

ステップ3

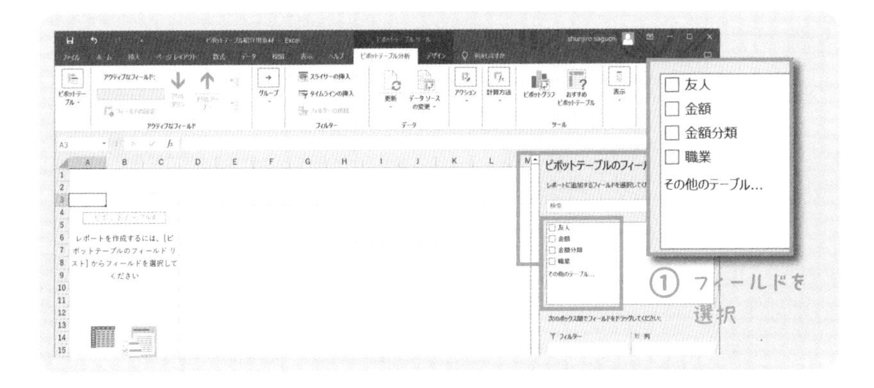

ステップ4

行(表側)に職業、列(表頭)に金額分類、値にお小遣い金額(個数)を選択すると、クロス集計表が簡単に作成できる。

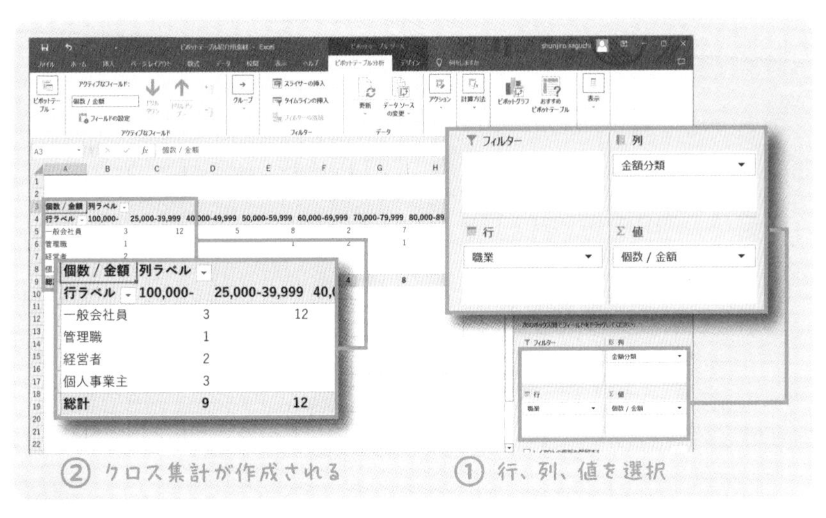

クロス集計表があっという間にできちゃった!

仕事でもさっそく使えそうだな。

第五日

データ活用を一歩進める知識

1時間目　分散と標準偏差

2時間目　関係性を分析する①　相関分析

3時間目　関係性を分析する②　因果関係

第五日

1 時間目

分散と標準偏差

この時間の目標

偏差値を導き出そう！

キーワード　□範囲　□偏差と分散　□基準化と基準値

知っておくと一目置かれる「データの教養」

第五日は、データ活用をちょっと深める知識です。先にネタバレすると、今回は、実用というより教養寄りの知識です。知っていると、一目（いちもく）置かれる……かもしれません。

一目置かれる教養か。いいですね。

「分散と標準偏差」は、どちらも集団の特徴を表す数字です。第一日の４時間目に、「代表値と散布度」を紹介したのを覚えていますか？

出てきた、出てきた。あのときは代表値の話は聞いたけど、散布度の話はまだだったね。

散布度は、データの散らばりを表すんだったよな。

そうなんです。**散布度にはいくつもの指標がありますが、この時間はその中で３つの指標、「範囲、標準偏差、分散」をピックアップします。**

ちなみに、この授業は散布度ですが、データ分析の超基本として実務で活躍するのは代表値です！

代表値（データの中心を表す）	散布度（データの散らばりを表す）
・平均値	・分散
・中央値	・標準偏差
・最頻値	・範囲
・最小値	・歪度
・最大値	・尖度

3つ以外にもあるんですか？

はい。「尖度（せんど）」とか、「歪度（わいど）」とか。尖（とが）り度と歪（ゆが）み度ですね。

うわあ、分析のプロっぽい……。

でも、**一般のビジネスシーンで使う機会はまずないです。なので、これから話す3つの尺度を覚えておけば万全。**さっそく行ってみましょう！

散布度で覚える指標は3つ
「範囲、標準偏差、分散」だけ！

範囲(レンジ)

最初に紹介するのは「範囲」です。別名「レンジ」とも呼ばれます。

ここでまた、第一日で出てきた身長データが登場します。

範囲：レンジ（R：Range)

データにおける最大値と最小値の差

<身長データの例>

-最小値：143cm／最大値：169cm

-レンジ：169-143=26cm

143	151	154	156	158	160	162	164
146	151	154	156	158	160	162	164
146	152	155	156	158	160	162	165
148	153	155	156	158	160	162	165
149	153	155	156	159	160	162	166
150	153	155	156	159	160	162	166
150	154	156	157	159	161	162	167
151	154	156	157	159	161	162	168
151	154	156	157	159	161	163	169
151	154	156	157	160	161	163	169

範囲を出すのは簡単です。データ上の最大値から、最小値を引き算するだけ。169センチ引く143センチですから、レンジは26センチです。

26センチ分の散らばりがある、とわかりますね。

もっとも手軽に出せて、かつ、散らばり度を直感的に把握できる概念と言えます。

「散らばり度」ってもっと難しいのかと思ったらめちゃくちゃ簡単だった。

範囲はデータの散らばりを
最も手軽に表す数値

偏差と分散

次は偏差と分散です。まずは「偏差」という言葉の意味を、教科書っぽく説明してみます。

・偏差とは、各データから平均値を引いた値。
・すべてのデータの偏差を足し上げたら、当然、ゼロになる。
・ゼロは扱いにくいので、偏差を二乗して足し上げた値を「偏差平方和」と言う。
・偏差平方和が大きいほど、ばらつきが大きいと言える。
・しかし偏差平方和は、データの個数が異なっている2つのグループを比較するのには適さない(足し上げただけなので)。
・よって、偏差平方和をデータ数で割れば、2つの集団のばらつきを比較することができるようになる。この、偏差平方和をデータ数で割ったものが分散である。

ちょっと何を言っているのか、よくわからない……。

ですよね。そう、一般的な偏差の説明は小難しいのです。ですから、別の方法で説明しましょう。

図にして見ると、偏差は決して難しくありません。次ページの図は、あるテストの受験者であるAさんからHさんの8人の点数と、平均点との比較です。

偏差の中には「マイナス」になるものが出てくる。
各データの偏りの平均をとることで、全体の偏りを計算したい……が、偏差を合計したら0になるので平均が計算できないため、二乗してマイナスをとる。
その合計をデータ個数で割れば偏りの平均になる。
これが「分散」。

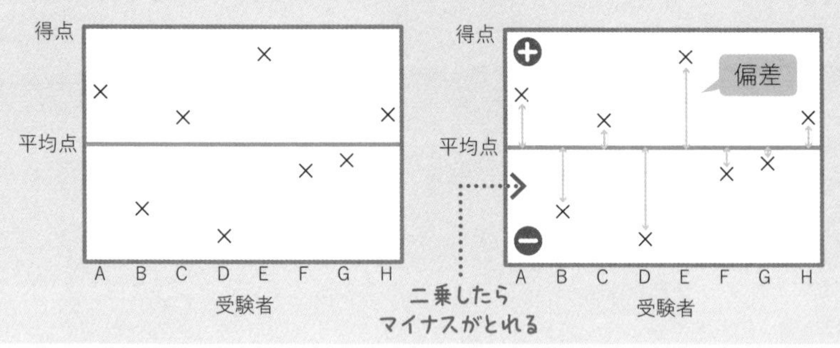

それぞれ、点数が平均点より上か下かがわかりますね。この**平均点と個別の点数の差が偏差です。**

その差には、プラスもマイナスもあります。Aさんはプラス5、Bさんはマイナス6、Cさんは……と8人分足したら、プラマイゼロになるはずです。すべて、平均からの高さ・低さを示している数値だからです。

しかし、**全体でどんな感じで散らばっているのかを知りたいのに、ゼロになってしまっては困りますね。**

そこで、すべての数値を二乗します。プラス3もマイナス3も散らばり度合いは同じですから、二乗すれば9になりますね。これでマイナスがとれました。**その数を全部足し、データ数（ここでは人数）で割ります。この数が「分散」**です。

そして、二乗したぶん散らばりが実際よりも大きくなっていますから、√を掛けてもとの単位（ここでは点数）に戻します。これが「**標準偏差**」です。

つまり標準偏差とは、平均値を真ん中に置いたときに、データがその周辺でどれくらいバラついているかを表す数字なのです。

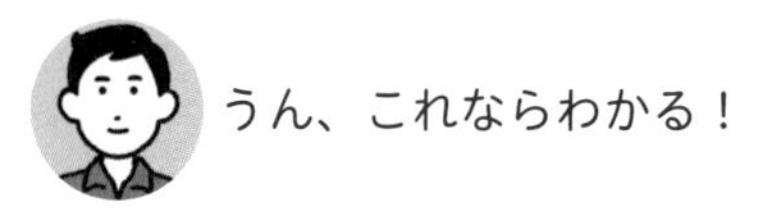

標準偏差の活用法

標準偏差の活用にあたって、再び正規分布に登場してもらいます。「正規分布」とは、平均値を中心として、左右対称のきれいな山形を描く分布のことでしたね（P.133）。

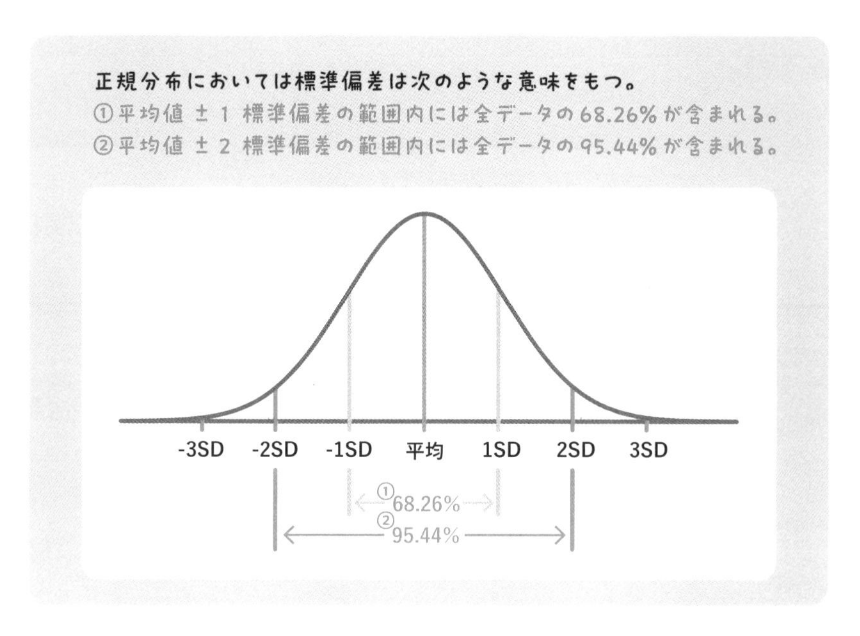

対象データが正規分布に従うとした場合、次のような法則が成立します。

なお、図の下の目盛りの**「SD（standard deviation）」とは、標準偏差のことです。**

① **1SDと－1SDの範囲内には、全データの68.26%が含まれる。**
② **2SDと－2SDの範囲内には、95.44%が含まれる。**

これが標準偏差の法則です。細かい数字までは覚えなくて良いですが、**「プラマイ１でだいたい７割」「プラマイ２で９割以上」**と考えておくと良いでしょう。

これを身長データに当てはめてみましょう。

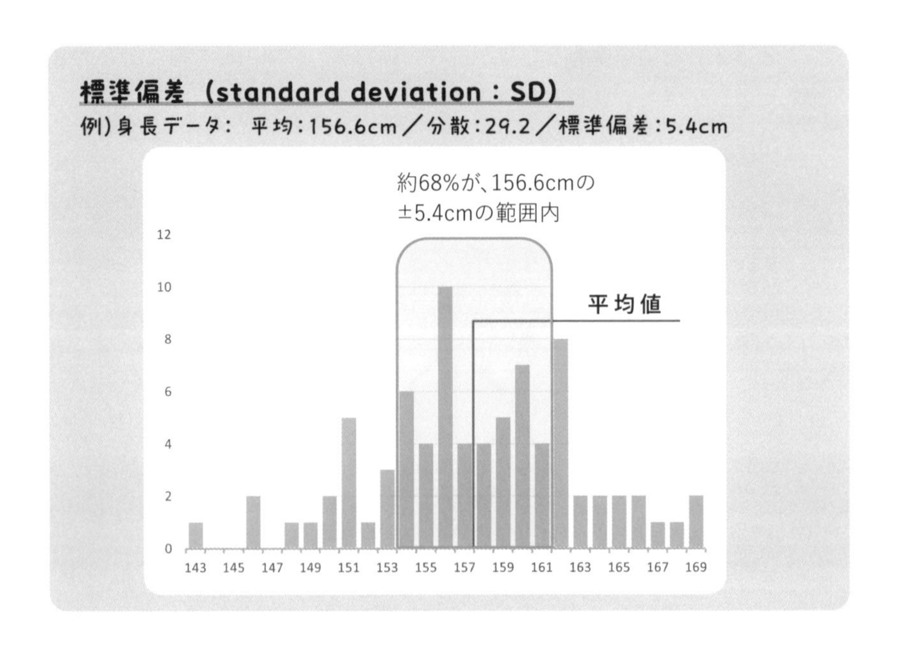

身長も、正規分布に近い形をとります。**ですから平均が156.6cm、分散が29.2cm、標準偏差が5.4cmとすると、156.6の±5.4センチに、全体の約68%が入ると考えることができます。**標準偏差はこのように、ある集団のデータの散らばりをイメージするときに便利な数値なのです。

データの散らばりを知りたいときは、実測値と単位が同じである標準偏差を活用する

ワーク

テスト成績、標準偏差で見てみると……

ではここで問題です。Aさん〜Eさんの国語と数学のテストをつかって、標準偏差の考え方を活用してみましょう。

Q 問題：Aさん〜Eさんの国語と数学の点数は下記の通り。
Aさんの国語90点と、Bさんの数学90点は同じ価値といってよいか？

	A	B	C	D	E	平均
国語	90	80	70	60	50	70
数学	40	90	30	20	10	38

なんとなく、Bさんのほうがすごい感じがする。

それを「なんとなく」ではなく、「偏差」という言葉を使って答えられたら完璧ですね。
「Aさんの国語の偏差は20（90-70）です。対して、平均が38点の数学で90点をとったBさんの偏差は52（90-38）もあります」という風に。

では次に、条件を変えて、別の角度で見てみましょう。今度は、国語も数学も平均点が一緒です。

Q 問題：では、条件を以下のように変えた場合の Aさんの国語90点と、Bさんの数学90点は同じ価値といってよいか？

	A	B	C	D	E	F	G	H	I	J	平均
国語	90	57	56	54	53	52	50	45	40	33	53
数学	93	90	80	63	55	45	40	27	20	17	53

平均点が同じなので、偏差だけ見てもわかりません。そこで、散らばりを確認しましょう。255ページの方法で分散と標準偏差を出してみたところ……、

・国語：　分散＝203.8　標準偏差＝14.3

・数学：　分散＝709.6　標準偏差＝26.6

国語より数学のほうが、ばらつきが大きいことが判明しました。

数学では、良い点をとった人もいれば、悪い点をとった人もいます。対して国語は、良い点も悪い点もとりにくいということです。**成績が真ん中に集まりやすい国語で、90点をとったということのほうが、価値があると言えるでしょう。**

なお、**このことを数字で表すときは、「(得点－平均点）÷標準偏差」という式を使います。**

そうすると、国語は2.6、数学は1.4という数字になります。国語の90点は、数学の90点よりも２倍程度、とりにくい得点だったことがわかります。

平均点が同じ……なので偏差だけ見てもわからない。こんなときに確認するのが分散と標準偏差

「偏差値」の出し方

先ほどの「(得点－平均点）÷標準偏差」をＡ～Ｊさんの得点すべてに行うと、平均が０、分散と標準偏差が１になります。**この計算作業を「基準化」と言います。そして、基準化によって得られた値を「基準値」と言います。**

基準化すれば、国語と数学とか、身長と体重のように性質が異なるデータ

の価値・大小・順位などを比較できるようになります。

ただご覧の通り、基準値は数が小さく、直感的には似たり寄ったりに見えてしまうのが困りもの。

そこで、10倍にして数を大きくし、さらにわかりやすくするために50を足すと……これが「偏差値」となります。

	A	B	C	D	E	F	G	H	I	J	平均	分散	標準偏差
国語	90	57	56	54	53	52	50	45	40	33	53	203.8	14.3
数学	93	90	80	63	55	45	40	27	20	17	53	709.6	26.6
国語（基準値）	2.6	0.3	0.2	0.1	0.0	-0.1	-0.2	-0.6	-0.9	-1.4	0	1.0	1.0
数学（基準値）	1.5	1.4	1.0	0.4	0.1	-0.3	-0.5	-1.0	-1.2	-1.4	0	1.0	1.0

基準値は小さいので大小が感覚的にわかりにくい…ので10倍する。
さらにわかりやすくするため(平均を50にするため)に50を足してみると……。

	A	B	C	D	E	F	G	H	I	J	平均	分散	標準偏差
国語（偏差値）	76	53	52	51	50	49	48	44	41	36	50	100.0	10.0
数学（偏差値）	65	64	60	54	51	47	45	40	38	36	50	100.0	10.0

この数字に見覚えありませんか？　はい、これが偏差値です。

偏差値という数字の謎がようやく解けた!!!

学生時代の一喜一憂(いっきいちゆう)のモトとなるこの数字。その割には、どのようにして算出するのか、意外に知られていません。

偏差値は、集団の平均や散らばり度を加味して、どれだけ飛び抜けているか（あるいはその逆）が直感的に理解できるよう工夫された数字なのです。

数字の価値を横比較できるように加工することを「基準化」という

1時間目のふりかえり

数字や計算式がたくさん出ましたが、どうでしたか？

偏差値の仕組みがわかって、面白かった！
なんで前より結構良い点だったのに、偏差値は下がるんだろう？　って疑問に思ってたから。周りの人はもっとできてたってことなんだね。

なんか偏差値って、良くも悪くも、競争社会という現実をリアルに表している数字だな。それはそうと、偏差値の計算のときに10倍するのはまあわかるとして、「50を足す」の「50」って、どこからきた数字なんでしょう。

これは平均を50点に補正するためです。伝統的には、学校テストの多くは100点満点で、平均点が50点になるように作成されています。要は×10と同じ狙いで、偏差値を見たときに、直感的に良し悪しを理解しやすくするための工夫なんです。

なるほどー。

お父さんの好奇心、とてもGoodですね。でも、深入りは禁物です。数学や統計学の公式を疑いだすと、泥沼にはまります。偏差値の×10や＋50はさっきの説明で理解してもらえたと思いますが、ぶっちゃけ、知らなくても良い話です。もちろん、知って損はないんですけどね。

なんかわかります。
公式とか見ると、ついつい「なんでそうなの？」「そうじゃない場合は本当にないの？」みたいに、好奇心というか、猜疑心が発動するんですよね（笑）。
でも、最終的に消化不良で終わっちゃう。

すっごく共感します。数学嫌いになる理由の一つですよね。僕も昔、そうだったんです。

先生が？　数学が苦手だったんですか？

ええ。テスト中に、「そもそも、なんでこの公式になるんだろう」とか、「確率って、究極的には全部2分の1じゃないのかな」とか、要らぬことを考えてるうちに時間切れになったり。

「好奇心をもとう」とか「自分の頭で考えよう」ってよく言うけど、そういう危険もあるんだな。

丸暗記が良いときもあるんだね。

ですね。でも、人間の好奇心を否定したくはないですけどね。思うに当時の僕も、「そこは『今は』考えないで、

興味があったら『後で』調べよう。テストでは『こういうもんだ』という前提で問題を解いて」って説明されていたら、解けたのかも。

「割り切り方」を含めて教えるってことですね。

データ活用の話って必ず統計や数学の専門領域に近接しますけど、「非専門家であれば、これ以上は知らなくて良い」っていう割り切りは必要だと思うんです。

線引き、割り切りどき。そうだね、私もちょっと意識してみよう。

2時間目 関係性を分析する① 相関分析

この時間の目標 相関関係の意味を理解しよう

キーワード □相関関係 □散布図 □疑似相関

数字同士の関係を読み解く「3つの考え方」

2時間目は、相関分析を学びます。1時間目に出てきた散布度や偏差は、集団の特徴を一つの数字で表す手法でしたね。それに対して今回は、**複数の数字の「関係性」を探っていく手法です。**

複数の数字、ですか？

ビジネスの現場では、数字っていくつもあって、互いに関係していることがありますよね。

第三日にもいっぱい出てきましたね。失注率の高さの理由を考えていったら、新人比率の高さに結び付いていた、とか。

そうそう。今お父さんが挙げてくれたのは、**「因果関係」**です。そして、これから話すのは**「相関関係」**。数字の関係性はそのほかに、もう一つあります。

全部で3つあるんだ。

この3つは一見似ていますが、別物です。そして、それぞれ違っ

た用途があります。その違いを理解して、データ活用に役立てましょう。

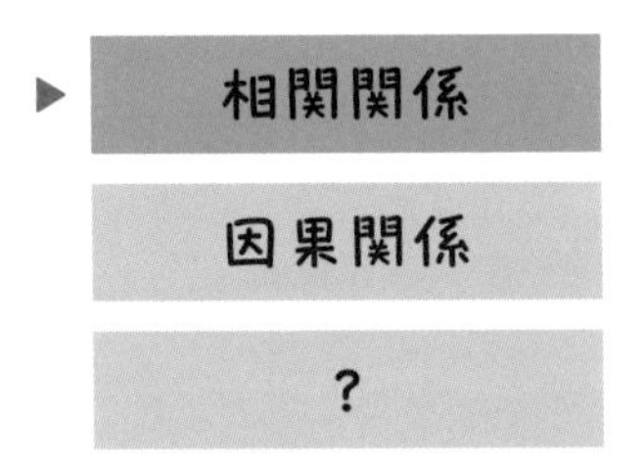

相関とは

相関とは二つの項目間で、一方の変数が増減すると、もう一方の変数も増減するという関係を言います。下の図を見てみましょう。

右肩上がりから始まって、円になり、最後は右肩下がりで終わっていますね。

相関が強いほど比例直線に近づき、相関が弱いほど円に近づきます。

相関の強さを表す数字を「相関係数」と言い、小文字のrで表現します。

r＝１の場合は右上直線で非常に強い正の相関、r＝－１の場合は右下直線で非常に強い負の相関です。

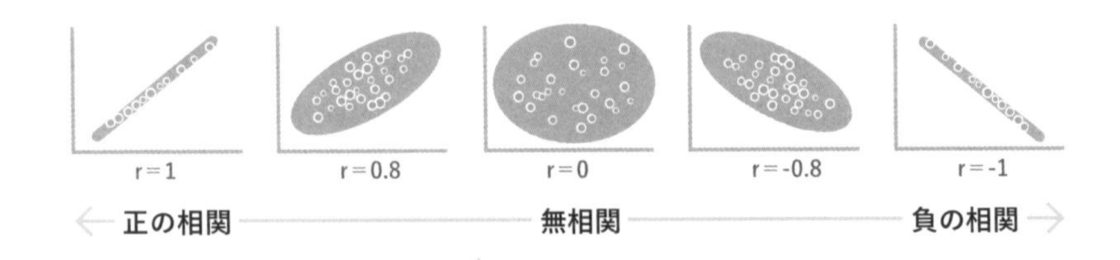

【相関係数の解釈例】
0~0.2：ほとんど相関関係がない
0.2~0.4：やや相関関係がある
0.4~0.7：相関関係がある
0.7~1.0：強い相関関係がある

一般的に活用されている相関係数の解釈例では、r = 0～0.2のものは「相関関係なし」とされています。

0.3でも、相関関係は疑わしいところ。ビジネスシーンではしばしば0.3レベルで「相関関係が見られる」と言って意思決定につなげようとする場面がありますが、無理があるのでやめたほうがベター。意思決定の根拠にするなら、**最低でも0.4は欲しい**ところです。しかし0.4以上が出ることは、決して多くはありません。

たいていの事象は、２つの数字の関係性だけでは説明がつかないものです。様々な変数が複雑に影響し合っているからです。

逆に、rは低くとも「何かあるのかも」と考えられるケースもあります。

こちらの図を見てください。

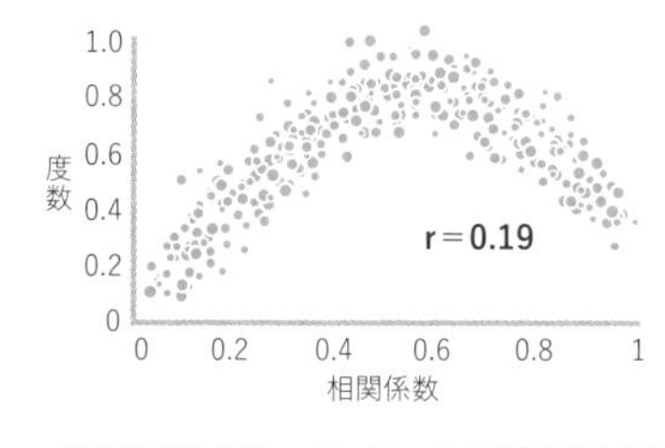

※相関係数は低いが、データの関連性はある

右肩上がりに進んで途中から下がる、印象的な形です。しかしこの図の相関係数を出すと、わずか0.19となります。

とはいえ、この形で何も関係性がないと考えるのは逆に不自然。**相関関係以外の関係性があると考えたほうが良いでしょう。**

ある地点から一直線に減っているね。

0.3でも「相関あり」って思いたい気持ち、わかるな。

散布図

２つの変数に関係があるかどうかを確認するのに便利なグラフが「散布図」です。

下に示したのは、ある生徒たちの国語と英語の成績です。国語の成績を横軸、英語の成績を縦軸に置いて散布図としたものです。

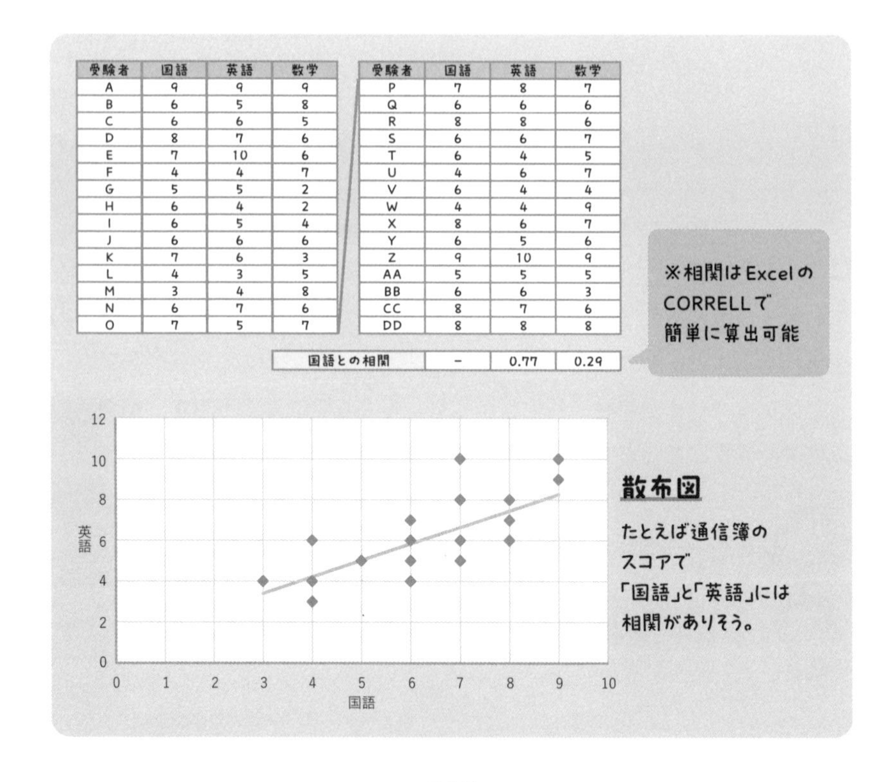

受験者	国語	英語	数学
A	9	9	9
B	6	5	8
C	6	6	5
D	8	7	6
E	7	10	6
F	4	4	7
G	5	5	2
H	6	4	2
I	6	5	4
J	6	6	6
K	7	6	3
L	4	3	5
M	3	4	8
N	6	7	6
O	7	5	7
P	7	8	7
Q	6	6	6
R	8	8	6
S	6	6	7
T	6	4	5
U	4	6	7
V	6	4	4
W	4	4	9
X	8	6	7
Y	6	5	6
Z	9	10	9
AA	5	5	5
BB	6	6	3
CC	8	7	6
DD	8	8	8
国語との相関	–	0.77	0.29

上のデータはローデータね。

こちらのrは0.77とかなり１に近く、強い相関が見られます。国語の成績が良い生徒は、高確率で英語の成績も良いと言えそうです。

一方、英語のとなりには、国語と数学の相関係数も示してあります。こちらは0.29と、相関はほとんどなさそうです。

この結果を、英語担当の先生が知っているとします。

一足先に国語の通信簿の集計結果がわかり、平均点が思ったよりも高いことがわかったとしましょう。

とすると英語の先生は、**「きっと英語の点数も高いだろうから、英語の補習はやらなくても済みそう」**と推測できます。相関関係は、このくらいのカジュアルな予測には活用することができます。

相関関係を発見できれば、
カジュアルな予測くらいはできる

相関のようで相関ではないもの

次ページの図は、横軸に身長、縦軸に英語の成績をプロットした散布図です。データは小学生のものです。

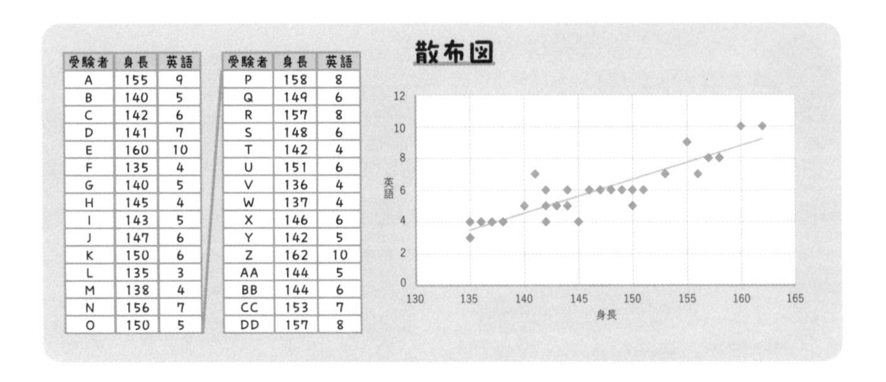

受験者	身長	英語
A	155	9
B	140	5
C	142	6
D	141	7
E	160	10
F	135	4
G	140	5
H	145	4
I	143	5
J	147	6
K	150	6
L	135	3
M	138	4
N	156	7
O	150	5

受験者	身長	英語
P	158	8
Q	149	6
R	157	8
S	148	6
T	142	4
U	151	6
V	136	4
W	137	4
X	146	6
Y	142	5
Z	162	10
AA	144	5
BB	144	6
CC	153	7
DD	157	8

しっかりと右上に向かっていて、相関関係が高そうに見えますね。しかし実はこれ、**相関関係があるとは言えません。疑似相関なのです。**

え？　どういうこと？　っていうか、疑似相関って何？

この背景には、「**年齢**」という要素があります。

身長が高いのは年齢が高いからで、年齢が高いということは学齢が上で、英語を学んできた時間も長いから良い点数になる、というわけです。このように、**別の要因（＝交絡（こうらく）因子）の影響によって、相関のように見えてしまう関係のことを「疑似相関」と言います。**

もう一つ例を挙げましょう。

「灯油の販売量が増えると、脳卒中の発生が増加する」

この交絡因子は「**寒さ**」です。寒いから灯油の販売量が多くなり、寒いから血圧が上がりやすくなり、脳卒中の発生が増えるというこういった交絡因子、すなわち別の因果関係を無視して「灯油と脳卒中」に関係があると見るのは誤りです。

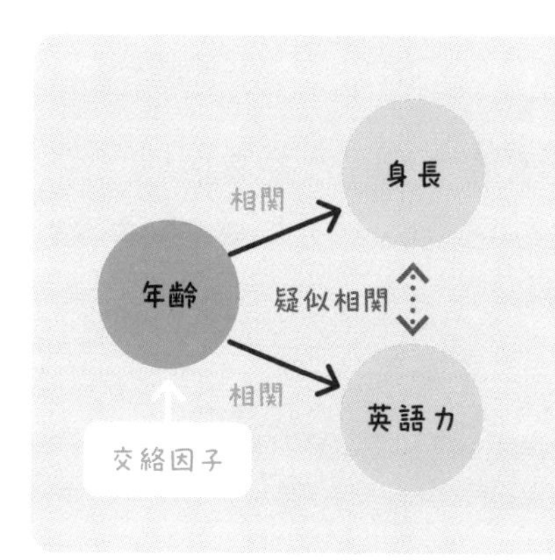

たとえばこんな疑似相関

-「灯油の販売量が増えると脳卒中の発生が増加する」
　→共に寒さが原因、という事が同じ
-「理系の人は薬指の長さが文系の人よりも長い」
　→理系に男性が多く、男性が女性よりも薬指が長いだけ
-「朝食を毎日食べると成績が良くなる」
　→朝食を毎日食べさせる家庭は、朝食以外にも教育環境へ配慮しているはず

　このように、相関関係を見るときには疑似相関と交絡因子を疑うことを習慣づけましょう。

何となく聞いてるだけだと、流しちゃいそう！

怪しげな宣伝とか陰謀論とかにも使われてそうだな。

　最後に、簡単なワークを行ってこの時間を終わりましょう。

問題：次の疑似相関の交絡因子を考えてみてください。

英語の成績

朝食を食べさせると
成績が上がる？？

1週間で朝食を食べる数

答えは次ページ
(2時間目のふりかえり)

相関を見たら、
まず交絡因子の存在を疑ってみる

2時間目のふりかえり

最後のクイズの答え、わかったよ！　ズバリ、読書量！朝食を毎日食べさせる家庭は、朝食以外にも教育環境へ配慮しているはず。

素晴らしい！　ほかにも、単純に勉強時間や学習塾に行ってるかどうか、親が家で英語を使っているかなど、いろんな要因が考えられますね。

それにしても、相関関係、面白いですね。別の要因が隠れているとか、相関がないのに、あると思いたい心理とか。

ビジネスの――というよりこの社会で起こるあらゆる事象って、とっても複雑でしょう。すっきり説明できることのほうが少ない。それで、モヤモヤした状態に我慢できなくなると……。

拠り所として、つい飛びついちゃうんですね。

安易に飛びつくのはよろしくないですが、複雑な事象から、意味ある関係性を見つけることが分析の醍醐味（だいごみ）だったりするので、誰にでも起こり得ることですよ。

ホント、他人事（ひとごと）じゃないですね。気をつけないと。

あのさ、「本当は別の要因があるんじゃない？」って気づけるのも仮説思考だよね？　考察系の動画でよく「本当の原因（黒幕）は〇〇だった！」みたいな主張があるんだけど、「さすがに違うんじゃない？」って感じるときある。

その通りです！
仮説思考は、根拠なき主張や論理の飛躍などに気づける力でもありますね。

ダマされない力をつけて、振り回されないようにしたいですね。

3時間目 関係性を分析する② 因果関係

この時間の目標 関係性分析をマスターしよう！

キーワード □原因と結果 □真因分析 □単なる偶然

「どちらが先か」が因果関係のポイント

次は因果関係です。因果関係とは何でしょう。

相関関係

▶ 因果関係

？

原因と結果……ですか？

はい、そうです。**因果関係は、連鎖していくのが特徴です。**Aという原因がBという結果を招き、Bという原因がCという結果をもたらすという風に。

風が吹いたら、桶(おけ)屋が儲かる……。

まさに、ですね。続けますと、因果関係を考える「ポイント」が

ありります。たとえば、こう言われると、どう思いますか？

「交番の数が多いほど犯罪件数が多い、というデータがある」

え、嘘。交番が増えたら犯罪も増えるなんておかしい！

いや待て、これって……犯罪が多いところに交番がたくさんつくられたんじゃないか？

お父さん、正解です。この場合は**因果が逆**なんです。たしかに犯罪の多いところに交番は多くあるかもしれないけれど、犯罪が多いことが原因で、その結果、交番が多くなったということです。

なーるほど。

見分けるコツは、「どっちが先か」です。原因は必ず、結果よりも先に起こるものですからね。交番の数と犯罪件数のデータを見て、どちらが先に増えているかを確かめると、本当の因果がわかります。

時期をチェックすればいいんですね。

因果関係で間違わないコツ、ほかにも見ていきましょう。

因果関係とは、Aという原因があって、Bという結果が起きる関係のこと。「原因」と「結果」を混同しないように

原因と結果を単純化しすぎていないか？

因果関係を考える上でもう一つ大事なポイントは、**原因と結果を単純化しすぎないことです。**たとえば、**「ある会社で営業部長が替わったら、売上が増えました」**と聞かされたら、どう思いますか？

「へえ、新しい営業部長、すごいんだな」と考えますね。

それだと、少々短絡的です。
売上が増えた原因は、はたして部長が変わったことだけでしょうか？

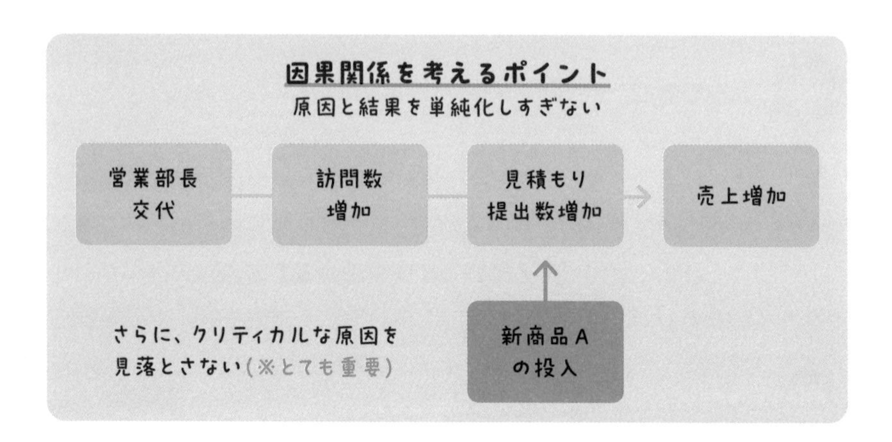

訪問数を増やした、見積もり提出数を増やしたなど、営業プロセスの改善があったからかもしれません。もちろん、このプロセス改善を営業部長がリ

ードしていたらすごい部長なのでしょうが、「部長が変わったから俺たちが踏ん張ろう」と課長以下のメンバーが奮起していた結果ならば、部長の存在ではなく、部長が交代したという事実が原因です。

はたまた、ある新商品だけが好調で全体の数字が伸びたのなら、営業チームのおかげと言うよりは、新商品の魅力が原因となり、開発した人たちの功績が大きいと言えるでしょう。

因果関係を、1対1の単純なものとして捉えるのはNGです。原因と結果は連鎖していくものですし、複数の原因が絡み合っていることが普通だからです。

それらを仮説として想定し、その中でもっとも影響の大きい「クリティカルな原因」を見落とさないようにすることが重要です。

部長になったタイミングが良かっただけ？

この営業部長、もってるわ〜。

原因と結果を単純化せず、
本質的な原因を探ること

因果関係と真因

「原因と結果は連鎖している」と言いましたが、これはつまり、「結果から原因へ、どんどんさかのぼれる」ということです。

なぜ今、この問題が起きているのか。その答は常に、過去にあります。原因の、そのまた原因の、そのまた原因へ……とさかのぼると、その先に「真因」が見えてきます。

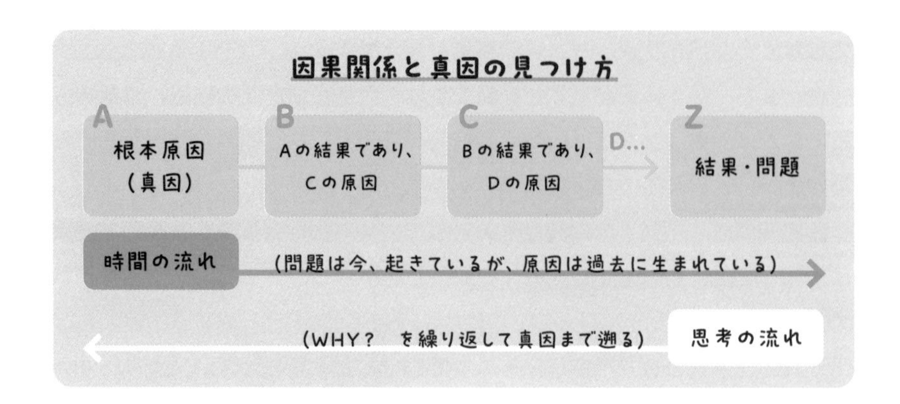

離職率の高さに悩んでいる会社の例で考えてみましょう。

現在の離職率は10%。これを7%以内に抑えたい、という課題をもっています。

そこで、退職者100名に退職理由をヒアリング。するとこのような集計結果になりました。

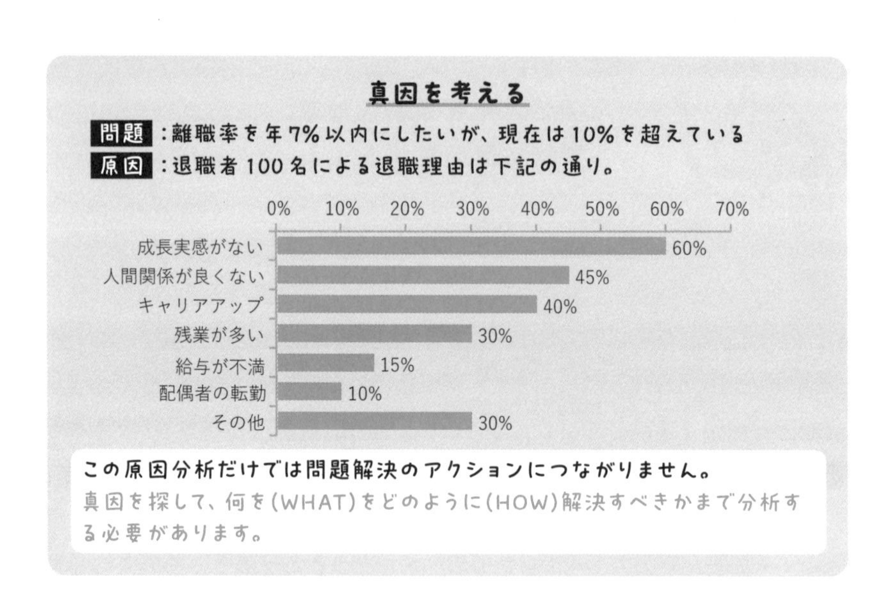

「成長実感がない」「人間関係が良くない」など、さもありなんという理由が並んでいますが、**これだけではまだ、解決のアクションは見えてきません。**

そこで、もっとも多い理由となった「成長実感がない」に関して、インタビュー内容を精査。すると、「毎日同じ仕事だから」という意見が頻出していました。

ではなぜ、毎日同じ仕事なのか。それは、**部門の中に新しい仕事が生まれていないから**でした。

ではなぜ新しい仕事が生まれないのか。**ここまで来ると、部長（部門長）の姿勢に問題があるのかも、という真因候補が見えてきます。**

また部長が出てきた（笑）。

部長って、現場もある程度具体的にわかりつつ、50人とかそこそこ大きな組織を動かせるポジションなので、とっても重要なんですよ。執行役員や本部長とかは現場から遠すぎてもう直接現場を動かせないし、課長だと組織が小さいから業績インパクトも小さい。部長は経営と非管理職をつなぐ、キング・オブ・中間管理職です。

さて。人間関係に関しては、詳細化すると「評価に納得感がない」という意見が目立ちました。その理由は、評価者の評価基準がバラバラだったから。とすると人事制度や、その運用に問題があったことがうかがえます。

また、「残業が多い」のは、会議が多くて長いから。その理由は、会議の運用ルールがないから。なぜないかというと、**会議品質というテーマに責任をもつ人が社内にいないから**でした。**ここまで特定されれば、解決策に結び付きそうですね。**

原因分析ではWHY？　を繰り返し、
結果・問題を真因まで深掘りする

因果関係と相関関係の見分け方

では、ここまでお話しした因果関係と相関関係がどう違うのか、を整理しておきましょう。

相関関係は、２つの事柄の間に何かしら連動する関係性がある、ということ。

対して因果関係は、２つの事柄に、原因と結果という明確な関係があります。先に原因があり、後に結果が起こるわけです。

必ずしも相関関係＝因果関係ではありません。因果関係のほうが、相関関係よりも厳しい条件で成立するものです。

と、ここまで説明してきましたが、相関分析をビジネスで活用することはあまりありません。一般教養として知っておくべきなので、丁寧に説明しましたが。

えー!?

ビジネスは問題解決の連続です。仮説で要因を洗いだし、できれば真因を特定し、実務でスピーディに解決策の実行＆検証をすることが重要でしたね。

にも関わらず、「どっちが要因（原因）かわからないんだよね～」じゃダメなんです。

因果関係やその強さを数字で明らかにしたいときに使うのが、207ページに出てきた回帰分析です。回帰分析で言う「説明変数」が、ここで言う「原

因」です。

なので、やるなら相関分析ではなく回帰分析ですね。

一方、先の離職率の例からもわかるように、真因特定の過程では数値化できない要素もたくさん出てきます。とくに、人間関係のすれ違いや雰囲気が悪いといった、目に見えないものを数値化するのは難しいものです。

仮説をもてていても、仮説を検証するデータがなければ回帰分析はできません。

ですから最初は、因果関係のつながりを仮説でどんどん書き出すということでOK。それを元に当てはまるデータがあるかないかを探し、ある部分に関しては回帰分析して検証、という順番が手堅いでしょう。

さらば、相関分析……。

ここでも、仮説がカギを握っているのね。

仮説で、クリティカルな因果関係にあたりをつける

単なる偶然

あれ、関係性分析って、相関関係、因果関係のほかに、もう一つあるみたいだけど……。「？」になっているのは？

最後の一つは「単なる偶然」です。あるデータを分析した結果、相関や因果が見られたものの、たまたまそうなっただけだった、ということです。

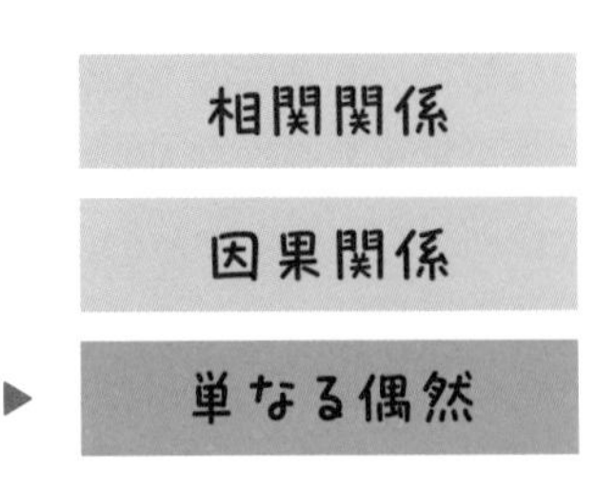

たまたまだったと判断する根拠は、再現性です。

偶然には、再現性がありません。相関関係や因果関係には、その連動が起こっている「期間」がありますが、偶然の場合は「そのときだけ」。継続性がなく、断続的に何度か同じことが起こるわけでもないときは、偶然と判断できます。

再現性がないということは、言い換えると、推測や意思決定には使えないということです。

出番が少ないと伝えた相関関係でも、「因果関係はわからないけど、この２つは連動しているのは確かだから、こっちをこうすれば、あっちもこうなるかも」というカジュアルな予測はできます。

因果関係であれば「こうなった理由はこれで、その理由はさらにこれだから、これをなくせばいいのでは？」と、問題の根本要因を発見することができます。将来にもその関係性（法則といっても良いですね）が再現されるので、適切に対処すれば、問題解決につながるのです。

でも、法則が変わってしまったら、法則が生じなかったら……。

というわけです。

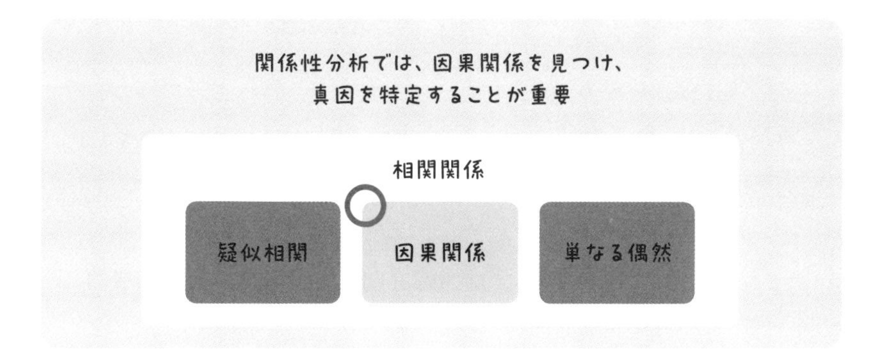

単なる偶然はたまたま生まれた関係ですから、とくに**気に掛ける必要もありません**。偶然起こったことに対して、「この数字の関係には何かある！」と固執して、無駄な時間を過ごさないように気をつけましょう。

ロマンないなあ。偶然って、ときめくのになあ。

いかん、うちの子、思春期だった……。

**偶然か、関係性があるかどうかを
判断するには、「再現性の有無」に注目！**

3時間目のふりかえり

因果関係は、普段の生活でもしょっちゅう考えてることだったりするね。

僕は仕事中、考えてたつもりだけど、けっこうアバウトだった。原因を深掘りしたり、データで検証したりすれば、いろんなことがクッキリわかるんだな。

そうでしょう？　真因特定のスキルが上がると、問題解決力が倍増しますよ。

因果関係と相関関係の違いも、なんとなくだった理解が、今回ハッキリしました。

私も！　これ、ごっちゃにしている人多いんじゃない？

多いと思います。ただの相関を因果関係と解釈してはいけません。

あ、でも、偶然はただの偶然だから用途はないって話、あれは残念だったな～。運命的な出会いとか、ロマンチックじゃん。

出会わんでいい！　っていうか、データの関係性の話と、恋愛の話はまったく違うでしょ。

まあまあ。日常生活ではそういう考えもあっていいし、

そうじゃないとつまらないよね。

そうですよ～。でもまあ、仕事は違うよね。

さてさて、今日で第五日まで終了しました。
これにて、データ活用を５日間で学ぶ授業は終わりです！

えー、もう終わっちゃうの？

あっという間だったような、一日目が随分と昔のことのような。
精神と時の部屋で修行してたみたいだ。

は？　精神と時の部屋？

一生懸命聞いてくれたので、とても嬉しかったですよ。
二人の成長に刺激を受けて、私ももっと勉強しなきゃって思いましたし。
マナちゃんが社会人になるときが楽しみです。

やば、泣きそう……。うれしいです。

二人の成長には本当に驚かされました。
それでは、明日が最後の授業ですから、今日はゆっくり休んでくださいね。

え、明日も授業？

あるんかーい！

あ、はい。明日もありますよ。
データ活用の授業は今日で終わりなのですが、関連話題の「メディアリテラシー」について、課外授業としてやらせていただきます。

はやく言ってよ〜。

課外授業

メディアリテラシーを高める

1時間目 自分と情報の関係性を知る

2時間目 情報収集力のスキルアップ

3時間目 WEB検索力を高めよう

4時間目 フェイクニュースにダマされない工夫

ホームルーム 時間を本当に大切にしていますか？

1
時間目

自分と情報の関係性を知る

この時間の目標
メディアと自分との距離感をつかもう！

キーワード □メディアリテラシー □デスクリサーチ □有識者ネットワーク

メディアの情報も、すべてデータである

ついに最終日がやってきました。本日のテーマは、メディアリテラシーです。**メディアリテラシーっ**て何か、二人はご存じですか？

なんとなくイメージはありますが……情報に適切にアクセスするとか？

怪しい情報に振り回されないとか。

そうですね。もう少し具体的に言うと、**自分に必要な情報を的確に集め、内容の良し悪しを見極めて、適切に活用する力**ですね。活用には、自分で発信することも含まれます。

データ活用と、メディアとの付き合い方って関係が深そうですね。

おっしゃる通りです。最初の授業で話した通り、データは、「記録された情報」を指します。この授業では主に数値化されたデータを扱ってきましたが、**ほかにも文章、動画、ニュースなど、数**

値化されない情報も広い意味ではデータです。そして、それらはメディアを通して発信されるもの。
データ活用のスキルの中には、そうした情報をうまく使いこなすスキルも含まれてくる、と私は考えています。

仕事だけじゃなくて生活まで広げて考えると、数値化されていない情報と接する機会のほうが多いですもんね。そもそもメディアリテラシーがないと、情報やデータを使いこなすのって難しそうだ。

情報にアクセスするだけじゃなくて、「発信する力」も含まれるんだね。

はい。誰かが発信した情報に振り回されないだけでなく、質の高い情報を発信できる力も含まれます。世の中にある変な情報が減ったら、ダマされるリスクそのものが減るでしょ？

たしかに！

情報が氾濫している時代だからこそ、ビジネスパーソンとしてだけではなく一人の生活者として、あらゆる情報を適切に解釈し、効果的に活かせるようになる。そんな人を目指しましょう！

データ活用力は、日々の情報との付き合い方で決まると言っても過言ではない

身の回りの様々なメディア

メディアとは、日本語で言うと「媒体」。情報をもたらしてくれるもの、という意味です。

私たちの社会では長らく、メディアと言えば「4大マスメディア」のことを指しました。テレビ、ラジオ、新聞、雑誌です。

しかしここ数十年で時代は大きく変わり、**皆さんお馴染みのWEBやモバイルアプリが台頭しました。それぞれ、SNSやブログ、動画サイト、企業ホームページ、ニュースサイトなど種類は多岐にわたります。**

そしてほかにも、「メディア」と呼ばれるものがあります。

メディア	強み	弱み
テレビ	・表現力が高い ・情報のバラエティ ・情報収集が楽 ・無料	・情報の信頼性 ・閲覧時間の制約
新聞	・情報の公平性 ・情報の詳報性 ・情報の網羅性 ・情報の一覧性	・表現力が低い ・情報収集が高コスト
雑誌・書籍	・情報の信頼性 ・情報の詳報性 ・体系的情報の発信	・速報性 ・情報収集が高コスト
WEBや モバイルアプリ （個人発信・ SNS・ブログ 等）	・検索性 ・速報性 ・無料	・情報の信頼性 ・情報品質のばらつき

WEBや モバイルアプリ （企業発信・ニュースサイト・キュレーションメディア 等）	・検索性 ・情報の信頼性 ・情報の網羅性 ・無料	・速報性 ・情報品質のばらつき ・情報の公平性
友人・知人	・間接的にだが、幅広い情報にアクセスできる	・情報の信頼性 ・情報品質のばらつき
有識者 ネットワーク	・メディアに乗らない重要情報にアクセス可能 ・速報性	・アクセス難易度

こうした複数のメディアから情報を集めることを、「デスクリサーチ」と言います。

ただし、これらの媒体にはそれぞれ、強みと弱みがあります。そこを認識しておくことが、的確な情報収集の第一歩。それぞれどのような特徴をもつメディアなのかを確認しましょう。

ちなみに、最終的にはメディアという大きな分類ではなく、個別のテレビ番組・新聞やWEBの記事・書籍・人ごとに特徴も違いますから、そこまで評価していく姿勢が大切です。

この「有識者ネットワーク」っていうのは？

有識者ネットワークとは、その道の第一人者や学識者、社会的影響力の強い人物など、専門性が非常に高い一部の人たちで形成されている人脈、のような意味です。これは有識者の書くブログや、セミナーとは別物。プライベートな場でしか得られないような、特別な情報を指します。

有識者同士の間では、WEBやマスメディアに載らないような重要情報がふんだんにやりとりされています。経営者同士の会食などはその典型例。そうした場にアクセスできれば、貴重な情報を早く得ることができます。

しかし、そう簡単にアクセスできるものではありません。**弱みは、このハードルが高いことです。**

とはいえ、まったく打つ手がないわけではありません。ここにアクセスする方法は、後ほど2時間目に説明します。

各メディアの強みと弱みを理解した上で、バランスよく情報収集しよう

ワーク　各メディアとの接触度自己分析

以上の特色を踏まえて、自己分析を行ってみましょう。

自分が日ごろ、各々のメディアをどのくらい信用し、どれくらい接触しているかを表にしてみるのです。そして、理想の接触時間まで考えてみましょう。私も、以下のように自分の分析表をつくってみました。

メディア	信用度（点）	その理由	現在の接触時間（月）	理想の接触時間（月）
テレビ	20～50	基本的に広告収入のための視聴率獲得が目的なので、興味・関心をそそる内容が中心。但し、信頼できない情報だと視聴者も見ないので、ある程度信頼性はある。	40	20
新聞	50～70	そもそも客観性担保が存在意義でもある&新聞記者・デスクの裏取り前提なので、信頼度は高い。但し、社会的影響が大きい情報ほど関係者の意向が働くので疑う余地あり。情報の発信ジャンルが限定的なのが難点。	3	10
雑誌・書籍	40～60	新聞ほど裏取りがされていないが、新聞よりも独立性が担保されている(しがらみを受けにくい)印象。体系的かつある程度信頼できる情報を得られるバランス型メディア。出版社や編集者によって、品質はばらつくので要注意。	30	20
WEBやモバイルアプリ（個人発信・SNS・ブログ 等）	0～30	誰でも自由に情報発信できるメディアなので、信用度は基本的に低い。	3	3
WEBやモバイルアプリ（企業発信・ニュースサイト・キュレーションメディア 等）	0～50	ポジショントークが多分に含まれるので、実は信用度は高くないと解釈している。ただ、信頼できる企業を厳選して活用したい。	3	3
友人・知人	0～30	WEB(個人発信)と同程度の信用度のことが多い。	3	3
有識者ネットワーク	0～90	完全に人によるが、信頼できる人の専門情報・裏情報は非常に有用。	5	10
		合計	87	69

「信用度」は自分の感覚で良いので、100点満点で評価します。
「その理由」についても、自分を振り返って詳しく書きましょう。

「接触時間」は、1か月間の生活を振り返って、それぞれのメディアに何時間接触したかを記入してください。こちらも厳密にではなく、ざっくりで構いません。メディアの選択肢も自由にアレンジしてください。
私の場合、テレビと雑誌・書籍が突出して高く、この2つだけで8割を占めています。その次が有識者ネットワークの5時間で、他はすべて3時間程度です。

このように数値化すると、自分とメディアとの関係性を客観的に把握できます。
そして数値化した後は、「解釈」というプロセスが必要です。
理想とのギャップに注目しながら解釈してみます。
私の場合、信用しているトップ3が、①新聞②雑誌・書籍③有識者ネットワークとなっています。
ところが、**新聞との接触はわずか3時間。「もっと新聞と接触するべきだ」という気づきにつながりますね。**
新聞との接触が少ないのは、育児中心の生活をしていることもあり、家族や親しい友人・知人と過ごすことが多く、社会全体の動き（政治や経済とか）への興味が薄れているからです。**また、課題だと感じているのはついつい本を読みすぎること。**この時間を少し減らして、新聞に目を通す時間や人と会う時間、とくに有識者ネットワークに属する相手やかつての同僚などと、情報交換する時間を増やそうと思いました。

本は体系的知識を得られる点では最強ですが、著者が語りきれなかった部分があったり、自分が抱いている疑問の答がなかったりすることもあります。しかし、**人と対面で話す形なら、こちらの疑問を投げかけて答えてもらうと**

いう形で、欲しい情報を得られます。

　また、テレビはついつい家族と一緒に何となく観てしまうので、何となくをやめて、大幅に減らすことを決意しました。

　このように、みなさんもぜひ自分とメディアとの付き合い方を振り返ってみてください。

SNSとLINEだけでかなりいっちゃうかも……。そんなに信用してるわけじゃないのに。

父さんは、テレビをボケっと観てる時間が改善点かな。

自分の情報接触やメディア信用度の癖を理解することで、偏った情報で誤った判断をするリスクを減らせる

1時間目のふりかえり

さっきの自己分析ワークでの「信用度の理由」の欄、すごく納得がいきました。なぜ新聞がテレビより信用度が高いのかとか、組織発信のWEBの信用度が高くない理由など。

ありがとうございます。ただ、あれは「正解」を書いたのではなくて、あくまで僕の考え方です。自分で表を書くときは、自分の価値観で書いてくださいね。

じゃあ、WEBが信用できると思ったら、100点でもいいんですか？

いや、それは問題アリ。物事を100％正確に伝えられるってことは、ありません。つまり**信用度が100点のメディアは存在しない**。

あ、そうか。たしかに。

有識者ネットワークも、MAXは90点にされているんですね。100点じゃないんだ。

100点だと、その人の「信者」になっちゃいますから。

ちなみに先生、0～90とか30～60とか、全部、幅があるんですね。

そこもポイント。幅があるのは、発信者によって品質に違いがあるからです。で、新聞ではその幅がかなり狭いでしょう？　得点も高く、かつ幅の狭いものは、かなり信用しているといっていいね。でも、100はない。

うん、100点はない。覚えておきます。

「信者」にならないことも、大事なメディアリテラシーですね。

2 時間目 情報収集力のスキルアップ

この時間の目標

自分が信頼できる情報源を見つけよう！

キーワード □一次データと二次データ □新聞の信頼性 □情報の5W1H

メディアの情報も、すべてデータである

1時間目は、自分の情報収集の「クセ」や「特徴」を知るワークに取り組みました。これを知った上で、次は、**情報収集の「スキル」を上げていきましょう。**

情報収集が上手になる方法、ってことですか？

その通りです。まず、覚えておいてほしいのは「一次データ」「二次データ」という概念です。

	一次データ(Primary Data)	二次データ(Secondary Data)
定義	リサーチ(アンケート・インタビュー・フィールドワーク等)を通して、特定の目的のために新しく生成・収集されるデータの総称	情報発信者が、特定の目的のために収集し、集計・加工されたデータの総称。公開されているものも多い
メリット	得たい情報を柔軟に、的確に収集することができる	データが既にまとめられているため、新たに情報を収集する手間やコストを抑制できる
デメリット	・データ収集に手間とコストが発生 ・データの集計や加工に一定のスキルが必要	・データの範囲や内容が、知りたい事や目的と完全に一致する事が少ない ・データが客観的でないものもある

えーと、一次データっていうのは、わざわざ現場を見に行ったり、

インタビューしたりして直接とってくるデータで……。二次データは、すでに発信用に出来上がったデータってことか。

二次データのほうが断然楽じゃん。ゴロゴロしながらスマホでニュースを見るのと、現場に取材に行くのの違い、ってことでしょう？

記者の取材もそうだし……そうだ、殺人現場を実況検分したり、遺体を解剖したり、証拠品から指紋取ったり、犯人を取り調べたりするのも一次データ収集じゃん。

なんちゅう例！　刑事ドラマ見過ぎ（笑）。

はいはい、でもその通りです。一次データを集めるには、手間とコストとスキルがいることがわかりますね。対して二次データは手軽です。とはいえ、**欲しい情報とぴったりのものがなかなかなかったり、信用度の低いものが混じっていたりする**わけですね。

じゃあ、できるだけ一次データを……？

そういうことです。刑事さんにはならなくていいですが（笑）、信用できる情報にアクセスしたいなら、やはり手間とコストをかけて一次データを集めるのがベスト、ということを覚えておいてください。

情報の信用度を高めたいならば、手間とコストをかけて一次データを集めるのが鉄則

新聞記事の特徴

１時間目で私は、新聞に一番高い信用度を置いている、と述べました。

これについてもう少々補足しますと、実は私の親友が大手新聞の記者をしており、彼から「記事をつくるプロセス」についてヒアリングしたことがあるからです。その意味では、私の信用度の根拠は一次データであると言えます。

新聞社の特筆すべき強みは、全国津々浦々に、一次データを収集できるネットワークをもっているということです。たとえば、政治記者は記者クラブに常駐ができますし、社会面の記者なら、警察官の家への夜討ち朝駆けといったことも。警察官との信頼関係を築けるか否かも、手腕の問われるところです。そして、地元の有力者や大手企業とのパイプなんかも豊富。

一次データをしっかりと足で集められるネットワークを保有している時点で、かなり信用度は高いと言えます。さらに記事化の際は、たとえばですが、「所轄の警部補」など一定の役職者のコメントなら掲載可能、というルールをもっているとのこと。責任ある立場の人、イコール「その組織の公式発言ととらえられる」わけですし、「情報発信には責任が伴う」と認識している人が多いためです。

そして文章は、客観的事実のみを書き、（署名記事でない限り）主観を入れずに書くのが大原則。さらにその記事を、記者のリーダーと、デスク（編集長）とでダブルチェック。

すべての新聞記事は、こうした厳格なプロセスで発信されています。

一次データへ直接アクセスし、かつ、情報を見極める専門家が品質管理している。このようなプロセスを経てつくられる情報は、新聞以外にはほぼない、と考えられます。

夜討ち朝駆けって……アイドルの出待ちみたいなもの？

相手、警察や企業のお偉いさんだけどな。

新聞は、一次データを自ら集めて、情報目利きの専門家が品質管理しているメディア

情報の5W1Hを確認しよう

玉石混交(ぎょくせきこんこう)の情報の中で、質の良い情報を選びとる力を養うには、「情報の5W1H」という考え方が有効です。

情報収集をするときには毎回、以下の６項目と、情報とを照らし合わせましょう。

① **What：内容（そもそも）**
得たい内容に合致する情報なのかを確認する

② **Why：目的**
何のために制作・発信された情報なのかを確認。とくに営業目的が強くないかを確認する

③ **Who：情報発信者は誰か**
情報発信者（企業・団体・個人 等）が信用できる（できそう）かを確認する

④ **When：時期・期間**
情報の鮮度が適切かを確認する

⑤ **Whom：誰が回答しているか**
アンケートやインタビュー結果の場合、回答者が知りたい内容に合致しているかを確認する
Ex)20代女性←→20～50代女性

⑥ **How：情報収集の方法**
情報が信頼できる方法で収集・編集されているかを確認する

この5W1Hの観点で情報をチェックしていれば、怪しい情報をうのみにするリスクはかなり軽減されるでしょう。

今まで、①しかやってなかった気がする。

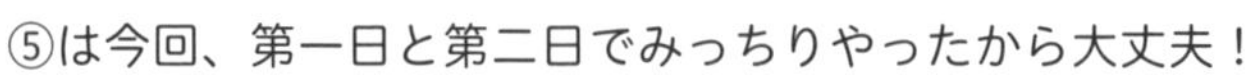

⑤は今回、第一日と第二日でみっちりやったから大丈夫！

情報の5W1Hを確認して、
情報の質や信用度を見極める

信用できる情報源をもっておこう

一次データが大事だとお伝えしましたが、もちろん、二次データにも信用できるものはあります。次の表は、信用度の高い情報源をまとめたものです。情報収集の際は、これらの公的データを見る習慣をもっておくと良いでしょう。

<table>
<tr><th>情報分類</th><th>無料</th><th>有料</th></tr>
<tr><td>日本・海外の統計情報</td><td>・総務省統計局の公表データ（e-stat）
・地域経済分析システム（RESAS）
・DXレポート、デザイン経営宣言などトレンド情報（経産省）
・JETROの公表データ</td><td rowspan="3">■データベース系
・SPEEDA
・帝国データバンク
・日経テレコン
・TSR REPORT
・会社四季報

■調査報告書系
・総研企業、調査会社、コンサルティングファームが提供する調査報告書 など

■エキスパートインタビュー系
・ビザスク
・ミーミル</td></tr>
<tr><td>経済情報
金融情報
企業情報</td><td>・経済指標ダッシュボード（日本経済新聞）
・有価証券報告書などの開示データ（EDINET）
・企業のIRレポートやWebサイト</td></tr>
<tr><td>業界動向
市場規模</td><td>・業界特化型の社団法人などの各種調査や研究報告書
・業界トップ企業の決算資料やアニュアルレポート
・証券会社の銘柄分析</td></tr>
<tr><td>マーケティング関連</td><td>・消費動向調査（内閣府）
・家計調査（総務省統計局）
・日本の広告費（電通）
・生活定点（博報堂生活総研）

・SaaS型のアンケートツール
-Questant
-ミルトーク
-Sprint</td><td>・TV視聴率データ（ビデオリサーチ）
・POSデータ（調査会社）
・消費者購買データ（調査会社、カード会社等）
・広告の配信や接触データ（Supership、DAC 等）

・SaaS型のアンケートツール
-Questant
-ミルトーク
-Sprint</td></tr>
</table>

情報源① 無料の情報

マクロ的な傾向をつかむなら、政府が公表しているものが一番です。

経済・金融情報や企業の動向なら、日経の「経済指標ダッシュボード」のほか、企業が公式情報として開示を義務付けられている有価証券報告書や、IRレポートも有益です。これらは企業が、自社の信用を得るためにつくるものなので、信用度は高いと言えます。

業界動向とか市場規模は、業界特化型の社団法人が出している調査や報告書が有力なソースです。こうした社団法人は、業界発展のために価値ある研究や情報発信をすることが存在意義なので、基本的に信用できるものが多いでしょう。

業界トップ企業の決算資料やアニュアルレポートも役立ちます。たとえば自動車業界では、トヨタがモビリティー業界の現況や未来を、体系的かつ、わかりやすく発信しています。

マーケティング関連では、広告代理店や調査会社が無料で良質な情報やツールを提供しています。

情報源②　有料の情報

有料の情報にも様々なものがありますが、一次データがとれるサービスとして覚えておきたいのが**「ビザスク」「ミーミル」などのエキスパートインタビューサービス**。これらを活用すると、１時間目に触れた「有識者ネットワーク」にもアクセスできます。

１時間３万～５万円の代金で、有識者や専門家と直接話ができ、一般向けのメディアには載らないような情報をとることができます。

どんな人が登録してるのか興味あるな。

一次データと言えば、**Questantやミルトークなどのアンケートツールは、生活者や消費者の意見を直接集めることができるサービスです。**

一次データを集めるのは「手間がかかる」と言いましたが、こちらを活用すれば、ネット上ですぐに聞きたい情報を多くの人から集められます。こうした最新ツールも、ぜひ活用したいところです。

信用できる情報源を把握しておけば、一次データと二次データを効率的・効果的に集めることができる

2時間目のふりかえり

一次データが大事っていうのはよくわかったけれど、「スキルが要る」っていうことも、すごくよくわかった……。本当に難しそう。

たしかにね。誰に聞くか、どこに行くかを選ぶ力や、インタビュースキル。あと、とってきた情報を集計したり、適切な解釈をする力もいるし、資料やレポートにまとめる力も要りますからね。

僕の経験だと、お客さんとの商談で得られる情報が一次データに近いんですよね。お客さんの会社のことだけじゃなく、業界の動向とか競合の動きとか、信用してもらえれば色々話してもらえます。

それ、まさに一次データですね！　きっと、お父さんのインタビューが上手なんでしょうね。

知らなかった。こんど伝授してよ。

いやいや、大したことないけどな。でも先生、メディアごとの特徴とか、メディアリテラシーのお話も面白かったです。

案外知らない知識ですよね。書籍は原則的に、著者の思想や主観を伝えるもの。対して新聞は公共性や社会性が存在意義なので、客観性が何より大事なんです。

起こったことを世の中にちゃんと知らせる役割を果たすぞ、っていう？

そうです。記者をしている友人によると、たとえ赤字になっても、新聞社としてのミッションを達成できる紙面づくりを優先するんですって。

それは一般企業では考えられないな。それだけ意義のあることをしてるんですね。

新聞ってオワコンだと思ってたけど、違うんだね。

おわってないですよ（笑）。Yahoo!ニュースやSmartNewsなど大手Webメディアの記事には、新聞社が制作したものも多く含まれてますしね。それも信用されている証です。
「誰が」「何のために」にその情報を発信しているか――5W1HのWHOとWHYを考えると、信用度が判断しやすくなりますよ。

3時間目 WEB検索力を高める

この時間の目標

欲しい情報を的確かつ瞬時にヒットさせる力を身につけよう！

キーワード □SEO □検索コマンド □ナインボックス

「上位表示」＝質がいいとは限らない

3時間目は、WEB検索にフォーカスしたTipsをお伝えしたいと思います。

検索のコツですね。知りたい知りたい。

二人とも、すでにご存じかな？　グーグルなどの検索結果の表示の仕組み。たとえば「データ活用」というキーワードで検索すると、最初にどんなものが出てきますか？

めちゃくちゃヒットするけど……。

広告ばっかり出てくる！　あれほんとにヤダ。

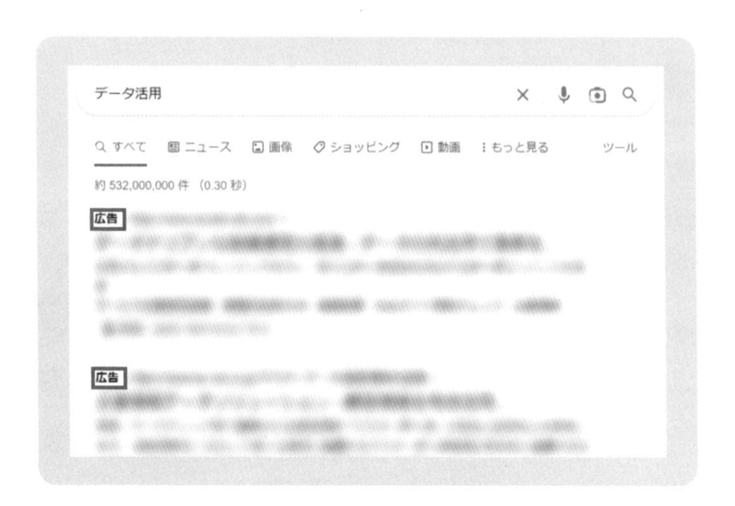

そう。左上に「広告」と書いてある記事がいっぱい出てくるよね。知らない人は普通の情報だと思って読んじゃったりするんですよ。

僕、けっこう開いちゃうかも。そこそこ情報量も豊富ですよね。

はい、有益なものもあります。でも広告である以上、その企業のポジショントークが多分に含まれていると見ていい。で、「広告」表示つきの記事の下に、やっと普通の記事が出てくるわけですが……これもけっこう大手企業のものが多いですよね？

そうそう。昔はそうじゃなかったのに。

なぜ、大手企業ばかり出てくるようになったのか。それは大手の皆さんがこぞって**SEO（Search Engine Optimization ＝検索エンジン最適化）に取り組んでいるからです。**

上位表示してもらうためのテクニックだよね。

そうです。上位表示されているものは極端な言い方をすると、恣意だらけの可能性があります。だから1～2ページ目に出たものだけ読んで、わかった気になってはいけません。**きちんと知りたいことに関しては、5ページ目～10ページ目まで追いかけましょう。**

なるほど。潜っていかないといけないのか。基本の基本が甘かったな。

大丈夫ですよ。この時間を通して、リテラシーを一気に高めましょう！

検索した情報の上位表示
＝有益な情報とは限らない

検索の質を高める工夫

知りたいことがあったらすぐ検索、という習慣がついている人は多いでしょう。しかし大事な調べものや、深く理解したいことに関しては、そのやり方はNGです。

予備知識のないままいきなり検索するのは、そのテーマについての表面的なワードで検索するようなもの。すると、真っ先に出てくるのは広告や、SEOに長けた企業や個人のコンテンツ。中身も薄くて似たりよったりな情報を読まされて、無駄に時間を奪われます。

私は長らくマーケティング業界でビジネスをしていますが、SEOに注力している企業や個人は、その物事をさほど深く理解しないまま情報発信している事が、結構あります。多いと言ってもいいかもしれない。そういった人々は、コンテンツ自体の実質的な充実よりも、キーワード含有量やhtmlや検索エンジンの仕組みを熟知したネーミングやレイアウトなど、上位表示テクニックを優先していますから、質は期待できません。

ですから、**検索の前には関連書籍をざっと読みましょう**。「このテーマを深く理解するには、こんなキーワードが有効だろう」と当たりをつけてから、検索するのがオススメです。

「ある程度わかっている人」ならではのキーワードを入れることで、そのレベルにふさわしい、良質な情報にアクセスできます。「薄味」のページをはじく効果も、もちろん大です。

加えて、**「情報発信者の質」を評価する観点をもつことをオススメします。**

良質だ、と感じる記事に出合ったら、発信者を確認して、その後も常時アクセスできるようにしておきましょう。なぜなら、情報発信者の発信姿勢は、基本的に変わることがないからです。現在、良い情報を発信している人は、これからも良い情報を発信し続ける確率が高いのです。発信者の質を見極め、自分で評価する習慣は、検索の質の向上に大いに役立つでしょう。

発信者の質か。面白いかどうかはチェックしてたけど、信用できるかどうかは考えてなかったな。

書籍等で頭に一連のキーワードをインプットしてから検索する

※いきなり検索しても良いが、関連書籍を読書後に検索するほうが、質は高い。さらに情報発信者の質を評価する（情報発信者の発信姿勢はあまり変わらない）。

検索コマンドを活用しよう

「検索コマンド」を、皆さんどれだけ活用できているでしょうか。

知りたい語句を並べて検索、しかやっていないなら、もったいない話です。ほんのひと手間で、検索精度が格段にアップするワザを覚えましょう。

or検索	語句同士の間にorをはさむと、いずれかを含むサイトが表示されます。
"検索語句"	こう入れると、完全一致した語句を含むサイトのみが表示されます。似たような別のワードが混ざり込んでくるイライラもこれで解決。重要キーワードが絞り込まれた状態になったときに使うと、より効果的です。そのキーワードが重要だとわかっている人が発信する、良質な情報に出合える確率が高まるでしょう。
−(マイナス)検索語句	データ活用の基本は知りたいけれど、統計的な知識は別に要らない、というときは、「データ活用　-統計」と入れると、「統計」と名の付く情報以外のデータ活用関連情報が出てきます。ちなみに、マイナスは半角で入れること。全角だと機能しないので注意しましょう。
filetype:	特定のファイルタイプに絞り込んで検索したいときに使います。「filetype:pdf」なら、PDFだけが出てきます。この方法なら、公共機関や学術系の文書など、通常検索では上位に出てこないような中身の濃いものに出合えます。この方法はほかにもpptx. docx. txtなどでも使えます。
related:	あるURLの前にくっつけると、そのURLに関連するとグーグルが判断したサイトのみが表示されます。「これと同様のビジネスやサービスはほかにないだろうか」と探すときには便利です。たとえば、「楽天市場」のURLの前に「related：」をつけると、Amazonなどの通販サイトが出てきます。 なおこの機能は、PV数が少ないサイトは表示してくれないのが残念なところ。個人運営のサイトなどはまず出てきません。とはいえ実用性は十分に高いので、ぜひ活用しましょう。

「-検索語句」は便利そう！

使いこなせてないコマンド、いっぱいあるなあ。

他にも便利な検索コマンドはたくさんあるので、使いこなしてWEB検索の質を高めよう

結局、検索語句が命
――ナインボックスを使った検索法

検索の質を高めるコツや、検索コマンドの活用もさることながら、もっとも大事なのは結局「どんな語句を入れるか」。**適切な検索語句を考えられるか否かが生命線です。**

そこで、良い検索語句を増やす方法を紹介しましょう。

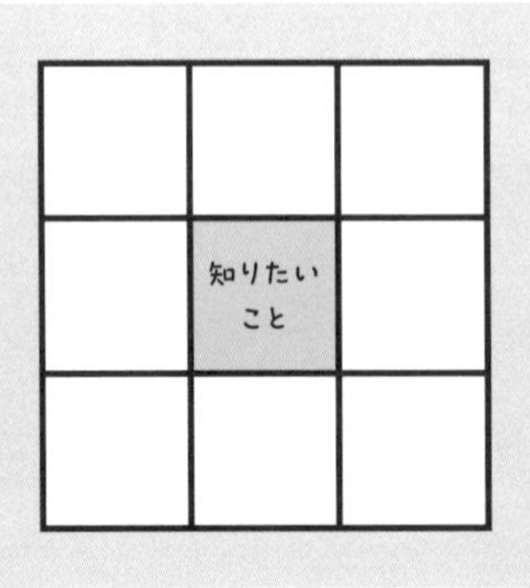

ステップ1
中央のボックスに知りたいことを、周辺に関連する言葉を書き込んでいく。

これは**「ナインボックス」**というツールです。

まず、９つのうち中央のマスに、知りたいことを書きましょう。「データ活用の基本」でも、「メディアリテラシー」でも、興味のあることなら何でも構いません。

次いで、それに関連する言葉を、思いついたものからどんどん書き出します。

ステップ２
真ん中のキーワードと周辺のワードを掛け合わせて、検索する。

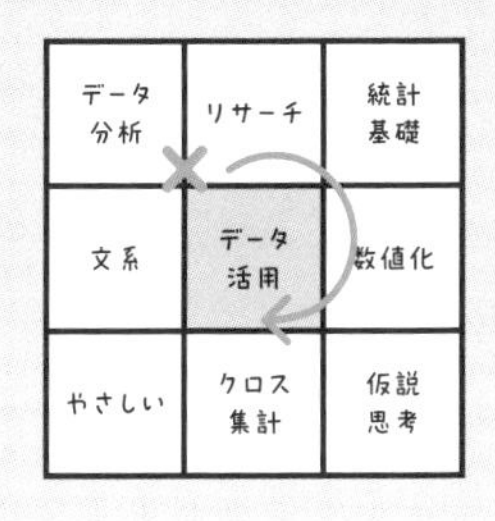

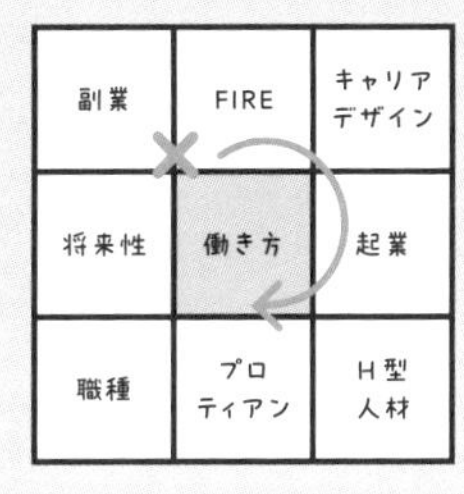

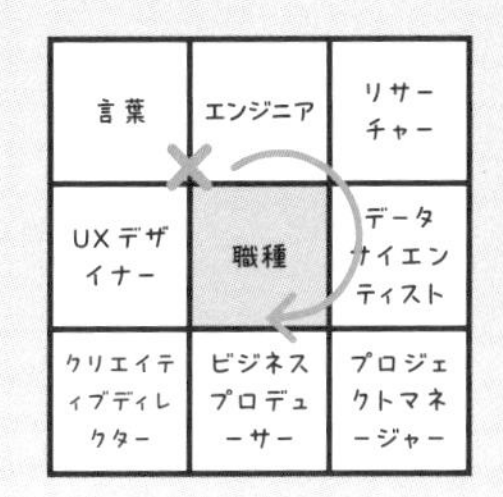

言葉が出揃ったら、それらの語句を使って検索をかけてみましょう。その中で、自分が欲しいものに近い情報が出てきたら、そのキーワードは「筋がいい」ということです。

上図左の例で、「リサーチ」と「やさしい」を合わせた検索がイメージに近かったなら、今度は新しいナインボックスで「リサーチ」や「やさしい」を真ん中に置き、さらに思いついた関連語句を書いてみましょう。

こうしてキーワードを洗い出す作業を繰り返すと、一番筋がいいキーワードや組み合わせが見つかりやすくなります。

WEB検索をするときって、思いついたままに単語を打ち込むことが多いと思いますが、ナインボックスを使ってキーワードをブラッシュアップしていく、という感じですね。

このボックス、書くだけで発想が広がる感じがするな。企画を考えるときに使えそうだ！

キーワードを改善していくってことね。ありそうでなかった発想かも。

「どう検索するか」も大事だが、「何を検索するか」がそれ以上に大事！

ボキャブラリーの増やし方

「そんなにたくさん、言葉を考えつかない」という方は、ボキャブラリーを増やす必要があります。

手段①　本を読む

まずは、**日ごろの読書量を増やしましょう**。検索語句を仕入れることだけが目的なら、該当テーマの本の目次を立ち読みするだけでも十分有効です。書店に行って、関連書籍が並んでいる棚の、タイトルや表紙に使われている単語をざーっと眺めるのも良いですね。また、普段読む本とは違う他ジャンルの本を多読すると、語彙力は一気に増えます。

手段②　調べる（ググる）

本来はまず書籍等を読んでから検索してもらいたいのですが、時間の制約などから、それが難しいときも多々ありますよね。そんなときは、**途中で検索してしまいましょう。ただし、メインの目的は内容理解ではなく、「言葉の仕入れ」です**。知りたいことについて書かれているサイトなので、キーワード候補を効率的に集めることができます。

ちなみにボキャブラリーは基本的に日々の積み重ねなので、**「検索に有効**

そうだ」と思った言葉があれば、こまめにメモをとっておきましょう。後々、検索ワードに使えそうな語句のストックを充実させることが大事です。

私はそういう言葉が見つかったら、とりあえず辞書で意味を調べて、そのままデジタルメモ帳に記録しています。

「言葉を仕入れる」っていう意識で読むと、いつもと違う情報収集ができそうだ。

手段③　人に聞く

ほかに、**知見をもっている人にオススメの検索語句を聞くのも良い方法です。**「○○について知りたいのですが、どんな検索キーワード入れるといいですか？」という風に。

そう聞いて、すぐに答えが返ってこなかったとしても、得るものはあります。きっと相手は、「どういうことが知りたいの？　どんなときに使いたいの？」などと聞きながら、その場で自分で調べはじめるでしょう。

そのとき使っているキーワードや、調べ方そのものに、学べることがたくさんあるに違いありません。**「物知りな人の上手な調べ方」を見て盗んで、自分でも実践してみましょう。**

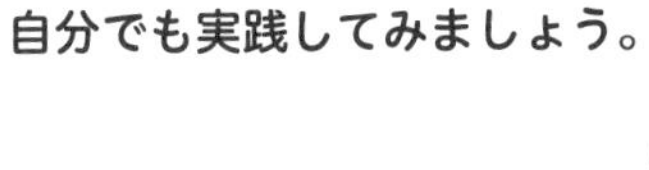

達人からは、言葉を仕入れるというより、調べ方そのものを学ぶんだな。

手段④　Google scholar

普段使わない言葉を知りたい、レベルの高い言葉を増やしたい、というときには、「Google scholar（グーグルスカラー）」を利用しましょう。これは、論文だけを表示してくれる検索エンジンです。

研究者でもない限り、日ごろの生活で論文を読む機会はなかなかないもの。しかし、たとえば「データ活用」という語句をこのエンジンで検索すれば、データ活用をトピックとした論文に触れることができます。

良い論文には、「こういう風に表現すればいいのか」「うまく表現できなかったこと、この一言で言い表せるのか！」と気づけるような語句がたくさん含まれているものです。それらは即、次から検索するときのストックになります。

手段⑤　熟語を使う

ほかにもオススメなのが、意識して熟語を使うことです。

たとえば、「本をたくさん読む」ではなく「多読」。「本を詳しく読み込む」ではなく「精読」。

熟語にすると、わずかな文字数に、情報を圧縮できるのがメリットです。「詳しく本を読み込む方法」などと長い語句になると、一致するものが少ないため、良い結果が出てきづらくなります。反対に「精読　方法」ならシンプル。また、「精読」という語彙を使うような、知的レベルの高いサイトに出合いやすくなります。

熟語を意識的に使うだけで何だか頭が良くなった気がする！

ボキャブラリーを増やして、
検索の精度を高めよう！

3時間目のふりかえり

検索のコツ、知らないことばかりでした！　ここ5〜6年、検索がしづらくなったと感じていたから嬉しいです。

検索、しづらかったですか？

何度も同じページが出てくることがあるんです。2ページ目へ行っても、似たようなラインナップになって。

たぶん、**同じWebサイトに複数の関連キーワードが散りばめられているから、毎回それを引っ掛けちゃうんでしょうね。**

それもSEOですか？

そうですね。いろんなキーワードで上位表示をねらって、意図的にそうしているWEBサイトは多いです。

SEOが発達してから、ネット検索がつまらなくなったな〜。昔は面白い個人HPがバンバン上位に出たのに、今は宣伝やら似たり寄ったりの企業サイトばかり。

まぁ情報発信者からすれば、自分のページを上位表示させたいのは自然な欲求ですからね。
悪質なものはGoogleがアルゴリズムを改良して上位表示させないよう対策していますが、グレーなものはまだまだ難しいようですね。

先生、今回の授業でいい検索ワードを入れられるようになったら、お父さんの悩みも解決しますか？

きっとしますよ。**「ざっくり」なワードではなく、狙いすまして語句を入れたら、精度高くニーズに応える情報がヒットしますから。**

その引き出し、増やしていかなきゃ。

私も。とりあえず熟語のボキャブラリー増やそうかな。twitterの文字数制限で「あ～」ってならなくて済むし。

そうそう。たった二文字に情報を詰められますから、熟語や短文を使いこなせれば140字でもたくさんのことが言えるんですよ。日ごろよく使うツールでトレーニング、すごくいい方法です！

4時間目 フェイクニュースにダマされない工夫

この時間の目標　情報の真偽を判断する力を磨こう！

キーワード　□解釈情報　□情報の断捨離　□情報のパーソナライズ

話題沸騰のニュース、最後まで覚えてる？

いきなりですが質問です。2021年アメリカの大統領がトランプ氏からバイデン氏に替わった頃、米国議会議事堂で暴動があったのを覚えてますか？

ありました、たしか死者も出たんですよね？

さて……あれって結局、死者って出たんでしたっけ。

え？　連日ネットニュースでそう言ってたけど……あれっ、最後結局、どうだったっけ？

もしかして死者、出てないんですか。デマだったんですか？

いいえ、最終的に４人の死者が出ました。

やっぱり出てたんですね！　一瞬「えっ」ってなりました。

そう、改めて聞かれると自信がぐらつくでしょう。**今の時代って**

情報があまりに多くて、全部きちんと覚えていることって難しいんですよね。

話題沸騰の間はこっちもニュースを追うけど、騒ぎが収まる頃は別のものを見てて、着地点を確認してないんだよな。反省……。

あと、**本当にデマっぽいニュースもばんばん上がるから、「あれフェイクだよ」って言われたらフェイクじゃなくても、そう思えちゃうんですよね。**

フェイクにダマされたり、フェイクじゃないのに疑ったり、振り回されるよな。

そうですよね。というわけで４時間目は、ニュースの真偽を判断する力の磨き方をお話しします！

**情報の真偽を見極める力は、
データを正しく解釈する力につながる**

人の手を経るほど、真実から遠ざかる

事件にせよ何にせよ、実際に起きた事実はたった一つ。しかしそれをどう解釈するかは、人の数だけ違います。

私たちがニュースを通じて知ることは、すべてそうした「解釈情報」です。

ネットの発達によって、今ではそれを個人レベルでも発信でき、しかも、解釈情報を事実情報のように伝える発信者も増えています。ですから私たちは、ニュースを見るときの基本姿勢として、「これは解釈情報である」と、常に念頭に置いておくことが大事です。

どれだけ客観的であろうとしても、出来事や事実を切り取っている時点で、その切り取り方には何らかの解釈が入りますし、文章などで表現するときにも編集が入ります。すべての情報は解釈情報であり、編集情報なんです。

では、自分で一次情報をとりに行く場合はどうでしょう。たとえば、**現場取材にきた記者は、100%混じり気ナシの事実を受け取れるのでしょうか。**

たしかに、間接的に知るよりもはるかに事実には近づけるでしょう。しかし100%とはいきません。その出来事を理解するときに、その人の価値観や考え方が入るからです。

この時点で、事実から少しだけ遠ざかります。そして記者が記事を書くとき、どんな言葉を使うかによっても変わります。**理解するとき、言葉にするとき、それを読んだ人がさらに誰かに伝えるとき――人が関与した分だけ、情報は事実から遠ざかるものなのです。**

情報の真偽を判断するために、「一次情報からどれだけ距離が離れているか」は一つの基準となります。かつ、間に入っている人や、企業の質も見極める必要があります。**あとはできる限り、自分で直接、見聞きして確かめること。**関心のあることについては、それが起こっている場所に行き、体験して、判断するのが一番です。

体験量を増やすことが、だまされないための第一の秘訣と心得ましょう。

未知のものは、一次情報を集めたり、体験してから判断する(体験・経験量を増やす)

情報との付き合い方を変えるための「6つの習慣」

習慣① 情報の断捨離をしよう

情報量がそもそも多すぎることも問題です。

毎日おびただしい量のニュースが降り注ぎ、ウソも真実も判別できないまま蓄積され、やがて忘れていき、結局事実はどうだったのかはあやふやなまま、という人が多いのではないでしょうか。

ならば、**情報の「断捨離」が必要です。そこで役立つのが、1時間目のワークで行った、「メディアとの接触度自己分析表」です。**

この表では、メディアごとに自分が寄せる信用度と、接触時間を洗い出しています。

この中で信用度の低いメディアから、接触時間を減らしましょう。

私も数年かけて、この断捨離を実行しました。たとえば、Facebookや Twitterは、発信はするけれど見ないことにしています。信用度の低い情報やアピール情報しかない、と判断したからです。また書籍では、十分に理解が深まったテーマはもう買い足さない、と決めました。おかげ様で、今はとても快適。時間の有効活用もできて一石二鳥です。

習慣② 大型書店に足を運ぼう

ネット上では、検索履歴や閲覧履歴に基づいて、その人の関心事や、好みの思想傾向のものが優先的に流れてくる「情報のパーソナライズ」が行われています。それらの情報に繰り返し触れるうち、関心事以外には無関心や無知になったり、一つの考えに凝り固まったりと、ものの見方が偏っていくおそれがあります。この状態をフィルターバブルと言います。

その予防策・改善策として有効なのが、大型書店に行くことです。**大型書店は、世の中のあらゆるジャンルの本を取り揃えています。言わば、世の中の忠実な「縮図」。**ちなみに、大型ではない書店は陳列スペースに限界があるため、「売れ筋」だけを置く、つまりネットとさほど変わらない状態。自分の頭を大きく広げたいなら、やはり規模の大きい書店に行く必要があります。

様々なジャンルの書棚を歩いて回ってみると、関心外のジャンルにもきちんとスペースが割かれていて、そうした本にもニーズがある、という当たり前のことを実感できます。自分の偏った情報接触を是正するキッカケにもなります。また、ネット書店で「欲しい本」を検索して買うのと違い、「未知の本」に心惹かれる、といった偶然の出合いも得られるでしょう。

若い頃は用がなくても、よく行ってたな〜！　また行ってみよう。

習慣③　真偽が不確かなものに、気軽に反応しない

「返報性の原理」という心理学用語をご存じでしょうか。

好意を示されると好意を返したくなり、敵意を示されたら敵意を向けたくなり……と、相手がこちらに示した感情や態度を、そのまま返したくなる心理のことです。

現在、この言葉がSNS界隈（かいわい）で乱用されています。「自分の『いいね』を増やしたければ、人の『いいね』をたくさん押しましょう」といったアドバイスがまことしやかに――個人レベルではなく、書籍や雑誌で識者（らしき人）が語ることさえあります。

これは、フェイクニュースの拡散につながりかねない、と私は思います。**様々な情報をよく見もせずに、軽く「いいね」を押していると、知らないうちにウソを広めてしまう危険があります。**

ですから、気軽に反応するのは厳禁です。

真偽の確かでないものは気軽に反応しない、人にもシェアしないことを鉄則としましょう。

やだ、私、けっこう軽く「いいね」押してたわ……。

習慣④　自分の直感を信頼していいテーマを把握する

物事の真偽を判断する際、「なんとなくうさんくさいな」「なんとなく信頼できそう」というカンが働くことがありますね。

さて、**この「カン」とは何か。その源は、これまでに蓄積された知見×思考習慣です。**

経験のない領域については、直感は働かないか、働いたとしても的外れか、どちらかでしょう。

逆に言うと、**経験豊富な分野でのカンは、信じるに足るということです。**

ちなみに私も、データ関連やマーケティングといった分野の情報は、ざっと見ただけで、読む価値があるかないか、すぐに判断できます。

ビジネスパーソンの方なら、皆そうした分野があるはず。専門分野や得意分野は何か、長年どんな部署で経験を積んできたか、振り返って把握しましょう。

そうした分野の情報であれば、直感を信じて良く、それ以外の話題に関してはうのみにしないこと。自分の守備範囲に基づいて、情報の信用度や活用方法をコントロールしましょう。

僕にだって、経験に裏付けされた「カン」が何かあるはず！

習慣⑤　いつでも、ファクトチェックを忘れない

興味をひく情報を目にしたら、必ずファクトチェック（真偽検証）を行いましょう。ファクトチェックの最初の視点は、前に話した情報の５Ｗ１Ｈ（299ページ）ですね。

とくに、その情報を発信した人の「素性」を確かめる習慣をもちましょう。

素性というのは、本名や職業といったことよりも、その人の発信内容の傾向です。

積極的に情報発信している人なら、ほかの場所でも様々な足跡を残しているはず。その人の別のツイートやFacebookをたどって、調べてみましょう。

すると、その人の考え方や発想全体がだんだんつかめてきます。そして、「最初の記事がたまたま良かっただけだった」なのか、「どの記事も素晴らしい、信頼できる発信者だ」なのか、評価ができます。信頼できるとわかったら、その後もその人の意見を参考にできるでしょう。

前述の通り、一人の発信者の発信姿勢は、基本的には変わりません。誠実な人は今後も誠実ですし、いい加減な人はこれからもいい加減です。こまめに「素性」をチェックしながら、この発信元は信じてよいか、をそのつど判断しましょう。

「事実・虚偽・意見の割合」をチェックするのもオススメです。

あからさまな虚偽（あるいは事実誤認）情報であっても、正確な事実情報を少しは含んでいるものです。また、意見と虚偽も違います。

反対に、信頼できると判断した情報であっても、少しは虚偽があるかもしれないし、**事実とその人の意見はわけて理解する必要があります**。なので、事実・虚偽・意見それぞれの割合を見極めて、参考にできる範囲を明確にすることが大切です。

習慣⑥　自分で質の高い情報発信を続ける

最後は、自分で**「質の高い情報の発信者になること」**です。

質が高い情報をつくること、そして発信を続けるのには大変な苦労が伴います。

大変だけど、最初は誰にも読んでもらえません。力作だったのに、反応が薄くて凹（へこ）みます。

そうすると、コピペをしたくなったり、真偽検証をさぼったり、事実を脚色して盛り盛りにしたくなったりと、いろんなズルをしたくなります。倫理や良心との戦いが始まります。もちろん、そんな気持ちをグッとこらえて情報発信を続けるからこそ、情報発信力は高まります。そして何より、**他人のズルに気づけるようになります。ダマされにくくなります。**

Twitterでも YouTubeでも noteでも手段は何でも良いですが、継続できそうなものを選んでください。週に１回を１年継続するだけでも、メディアリテラシーが格段に高まると思います。

**６つの習慣を意識して、
情報収集の質を高めていく**

生成AIは信頼できるか？

様々なメディア情報の真偽を見極める、というテーマで語ってきましたが、最後にもう一つ。

未来においてもう一つ加わりそうな「メディア」が、オリエンテーションでも述べた**ChatGPT（生成AI）**です。

知りたいことを聞くと、AIが整った文章で答えてくれる。ならば自分でいちいち考えなくても、機械に教えてもらえばいい――と考えている人もいるかもしれませんね。しかし、それは違います。

ChatGPTは、自らが吸収したデータベースを解析して答えを出します。彼らが「食べているもの」の質によって、答えの質も変わるのです。**偏った情報や間違った情報ばかり食べていたら、答えもやはり、偏りや間違いだらけになります。**

そして、彼らが食べているのは、人間がつくった膨大な情報やデータです。ChatGPTの精度は、人間の情報生成の質が鍵を握っているのです。

私たちの情報生成の質やテクノロジーがさらに進歩して、ChatGPTがあらゆる質問に対して、的確な回答を出せる日がくるかもしれません。そうなったら、もう考えることは不必要でしょうか？　その答えも、やはりNOです。

彼らが食べているデータは、例外なく過去のものだからです。この本の最初に話したように、データとは「記録された情報」。どんな最新情報でさえ、「今」や「未来」よりは古いのです。

彼らが進化したとき、世の中も変化していて、新しい問題が起こっています。その「今」と彼らのもつ「過去」の差は、縮みはするでしょうが、完全に埋まりはしないでしょう。

だからこそ、人間の思考が必要なのです。

AIは過去データをもとに予測や参考情報を提供してくれますが、問題解決に直結する回答をくれるまでには、必ずタイムラグがあります。**その間に、私たちは――そう、「仮説」を立てることができます。**AIよりも先に「こうなるのではないか」と考えて、実践し、検証を繰り返していく。AIよりも先に新しい知見を蓄積していく。今この瞬間に考えて、新しい経験を重ねていくこと。それは、AIには決してできないことであり、未来を自らつくっていける人間だからできることですね。

この授業を通して得た知識は、これからの時代、いよいよ必要性を増すでしょう。真偽を見極め、とるべき行動につなげるスキルを、これからも日々、磨いていってほしいと思います。

技術が進歩しても、生成AIが発展しても、人間の思考と行動こそが未来をつくる

ホームルーム

時間を本当に大切にしていますか？

この時間のゴール　自分の人生を数値化して考えてみよう！

キーワード　□時間は命　□時間の使い方は命の履歴　□ウェルビーイング

自分のことを、データにしてみよう

授業はこれですべて終了です。お疲れ様でした！

ありがとうございました！

締めくくりとして、簡単なワークをやってみましょう。**これは子供から大人まで、誰もが取り組めるデータ活用の一歩です。**

私も？　仕事のこと以外で、データ活用するんですか？

そうです。身近なテーマを数字やデータにするんです。

身近なテーマって言いますと……。

すべての人にとって身近で重要なんだけれど、ほとんどの人が数値化していないものがあります。いったい何でしょうか？

え〜っ、なんだろう……体重？

それは体重計に乗ってください（笑）。

あ、わかった。時間ですか？

そうです。**時間を日々どう使っているかは、私たちの「命の使い方」の履歴です。これを数値化してみましょう。**

厚生労働省の「簡易生命表（令和２年）」によると、
平均寿命は男性が81.64歳・女性が87.74歳

40歳・男性の残り時間	40歳・女性の残り時間
41年	47年
14,965日	17,155日
359,160時間	411,720時間

平均寿命から計算すると、お父さんの人生の残り時間はこれくらい。

俺の人生、あと36万時間か！

マナちゃんの時間はもっと多いけど、残り時間が限られていることは同じです。この時間をどう使うかで、これからの人生が決まりますね。そこで重要なのが、自己分析です。

時間の使い方と、自己分析が関係する？

そう。二人は、どんなことを大事にして生きていますか？　そのことにきちんと時間を使っていますか？　これから行うのは、そ

れを確認するワークです。

時間の使い方というデータは、私たちの命の使い方の履歴

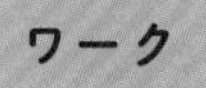

「楽しくない時間」を減らし、「楽しい時間」を増やす

私は４年前に、このワークを実践しました。

私の場合、「楽しいか、楽しくないか」が最も大事にしている価値観です。

そこで、**主な時間の使い方を選択肢にして、それぞれを「楽しい時間」と「楽しくない時間」に分類。１週間の時間の使い方を集計して数値化したものが、次の表です。**

ステップ１　大切な価値観を満たせるような時間の使い方ができているか？を可視化する

2019年6月時点

楽しい時間	H	楽しくない時間	H
家族と一緒に過ごす時間	40	家事の時間	7
両親や友人との時間	1	仕事の価値観が違う人との仕事、自己成長感が感じられない仕事	32
楽しい飲み会	1	通勤・退勤時間	4
仕事の価値観が近い人との仕事、自己成長感が感じられる仕事	8	執筆時間	4
一人で自由に過ごせる時間	4	身体を動かす時間	2
読書の時間	3	付き合いの飲み会	1
スキルアップ・キャリアアップ時間	1	その他雑務	10

小計	58	小計	60
		睡眠時間	50
		一週間合計	168

先生は家族と一緒に過ごす時間が「楽しい」んだね！

「楽しい」「楽しくない」がほぼ半々、後者のほうがやや多い状況です。

良い面を見ると、家族との時間や自由時間は十分あって、睡眠時間も確保できています。

悪い面を見ると、仕事で楽しい時間が極端に少ないのが気になるところ。スキルアップやキャリアアップの時間が少なく、家事は頑張っているわりには楽しめていないことが見てとれます。

ステップ２　たとえば３年後における「理想の時間の使い方」を目標設定してみる

これを解決するために、私は「ありたき姿」を目標に設定しました。

３年後の実現を目指して立てた、理想の時間の使い方がこちら。

理想の時間の使い方（To-be）

楽しい時間	H	楽しくない時間	H
家族と一緒に過ごす時間	40	家事の時間	5
両親や友人との時間	1	仕事の価値観が違う人との仕事、自己成長感が感じられない仕事	16
楽しい飲み会	1	通勤・退勤時間	2
家事の時間	5	身体を動かす時間	1
仕事の価値観が近い人との仕事、自己成長感が感じられる仕事	24	その他雑務	4
一人で自由に過ごせる時間	8		
読書の時間	6		
スキルアップ・キャリアアップ時間	3		

身体を動かす時間	2		
小計	90	小計	28
		睡眠時間	50
		一週間合計	168

楽しい時間を1.5倍にして、楽しくない時間を半分にする計画です。

価値観の違う人との仕事や、成長実感が得られない仕事は、全部カット。苦しい執筆もカット。

家事が「楽しくない」になっている問題は、妻と話し合って、「楽しい時間」に移せるよう工夫しました。

なぜ家事が楽しくなかったのかというと、当時の私の意識が「家事＝妻のサポート」だったからです。何事も、妻の指示通り。そうした「やらされ仕事」に楽しさを覚えるのは難しいものです。

そこで、「自分は水回りの家事全般をする」と宣言。この領域には全責任を負って毎日行う、その代わりやり方は自分に任せてほしい、と言って（ほか様々な交渉を経て）お互いに合意。以降、「楽しい家事」が増えました。作業内容によっては楽しくないものも残っていますが、それでも以前とは大違いです。

３年かけて、この理想に近い時間の使い方を実現。**仕事も、今は楽しいものだけを行えるようになりました。スキルアップやキャリアアップのための時間は、以前の３倍です。そしてその後さらに、育休を１年間取得。家族と過ごす楽しい時間は、理想通りというより、理想を大きく超える水準になりました。**

このように、大切にしている価値観にのっとって、時間の使い方を最適化するワーク、ぜひ実践していただきたいと思います。それは「人生の幸福度」を高めるワークでもあるのです。

家族でチャートを共有するのもいいね！

限りある時間は有効に使わないとな。

定期的に、「大切な価値観を満たせるような時間の使い方ができているか」を確認すること

大切な人と過ごす時間を増やそう

このワークを行いながら、並行してもう一つ、自己分析をしましょう。

大切な人に、きちんと時間を使えているかどうかの確認です。

家族、友人、尊敬する人、応援してあげたい人。そんな大事な人たちと、たくさん過ごせているでしょうか？

ステップ 3　大切な人それぞれへの時間の使い方を 4 象限で整理してみましょう

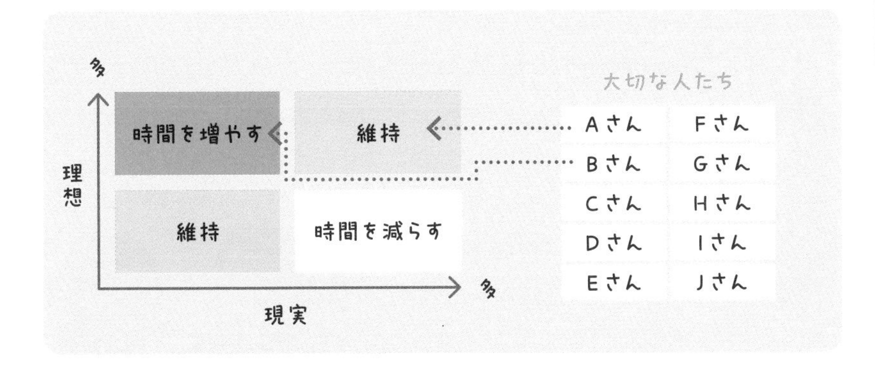

この表は、大切な人と過ごしたい時間の「理想」と「現実」を整理するツールです。

Aさんとは理想通りに十分時間をとれているのなら、Aさんは右上の象限へ。Bさんとはたくさん過ごしたいのにそうできていないなら、左上の象限に入ります。この人たちと過ごす時間を、意識的に増やすべきだとわかりますね。

左下は、それほど会わなくても良いと認識しているので、現状維持でOK。

右下は自分の理想よりは多く会っている相手ですから、会う時間を減らしたほうが得策です。みんな大切な人たちではあると思うのですが、どんな人も、1日24時間という時間を増やすことは絶対にできません。**どこかを減らさないと、どこかを増やすことはできないのです。**

また、そもそも大切な人以外とばかり過ごしている実感があるならば、この1週間や1か月で時間を過ごしたすべての人たちを対象にして、ワークに取り組んでみましょう。

時間の使い方を最適化すれば、自分がもっと幸せな状態をつくりだせます。

僕にとって家族との時間は「左上」。もっと増やさないとだな。

お父さん！　私はずっと、もっとお父さんと遊びたいと思っていたよ。気づくの遅くない？

だよな、ごめん。毎日、もっと早く帰るよ。
それに今年の夏休みこそ、絶対に海外旅行いこう！

やったー！

このワークを通して、私は何度か「幸福度」や「幸せ」に言及しました。

究極的には、「幸福」をもたらすことこそが、数値化やデータの価値だと私は思っています。

自分にとって大切なことに時間を使えているか、限りある命の配分は適切か。数値化すれば、それを客観的に把握できます。

理想と現実とをデータで比較し、ギャップがあればそこから課題設定して、最適化を図る。そうやって理想の状態に近づいていけば、毎日がもっと楽しくなる。幸福になります。データはその助けをしてくれるのです。

人生に対して、ポジティブな影響をもたらすことが、データ活用の最終目的。数字やデータは、私たちの人生を豊かにする力をもっている。

そのことをお伝えして、授業を終えたいと思います。

数字やデータの本当の価値

数値化の効能		人生への影響
①見え方がより明確になる ②新しい見え方を手にする ③説明力が高まる ④客観的な議論を促進する ⑤問題解決のアクションが生まれる	→	本当に大切なこと、大事にすべきことに命(=時間)を使えているかを、客観的に把握することができ、大切な人や仲間とともに、理想の時間の使い方を建設的に議論できる!

(感涙しながら拍手)

数字やデータは、私たちの人生を豊かにする力をもっている

おわりに

データ（数字）に強くなって「よりよく生きる」。

５日間＋課外授業お疲れ様でした。
読んでみたら意外とあっという間だったという人もいれば、思いのほか苦戦したという人もいるかもしれません。

「課外授業」でも述べましたが、データを活用することは仕事で成果を出すだけでなく、より豊かに生きられる確率が高まる、ということでもあります。

世の中を的確に捉えられたほうが、社会の変化に適応しやすくなり、ビジネスの成功確率も高まっていくのは間違いありません。しかし、それ以上に、客観的に物事を分析する力は、「よりよく生きる」ことに通じます。

私自身、思うところがあります。
ともすれば仕事一辺倒になりかけた時期に、データを活用しながら客観的に時間の使い方を振り返ったことで、「仕事時間を半分にしよう」「育児休業を１年間にしよう」という具体的なアクションを導き出せました。思えばそのアクションや意思決定は、今の幸せにつながる大きなターニングポイントでした。

データを活用して、本当に重要なことや本当に価値のあることを的確に見つけ、それらにしっかりと時間を使っていく。そうすれば、多くの人が、人生の様々なシーンで効率的かつ効果的に成果を出せるようになる。労多くして実り少しという疲弊状況から脱出し、ウェルビーイングに生きられるようになる。データ活用スキルが広まっていくことは、ウェルビーイングな社会に近づいていくアプローチだと考えています。

　また、データ活用の見逃せない効用の一つに「コミュニケーションの改善」がありました。

　ビジネスや仕事、育児や家庭で起きる様々な問題の多くは、主観（思い込み）と客観のアンバランスなコミュニケーションが原因。主観だけでも、客観だけでも具合が悪い。両利きでどちらとも、バランスよく活用できる状態が望ましいと言えます。

　本書を読んで、適切にデータ活用できる人が増えれば、コミュニケーションの質が高まり（客観が強化されるだけでなく、主観も進化する）、より良い関係性構築につながるだけでなく、ビジネスドライブ力や組織力の強化につながっていくと信じています。

　もちろん、本書に登場したお父さんと娘のマナちゃんのような親子や上司と部下の関係性においても効果を発揮してくれるでしょう。

　本書を読んで終わりにするのではなく、職場やご家庭で日々実践することで、仕事や生活がより豊かになることを心より願っています。

　末筆になりますが、本書のコンセプトに共感され自分事として制作に取り組んでいただいた大隅元編集長、原稿執筆をお手伝いいただいた林加愛さん、本書に携わってくれた関係者の方々、そして愛する家族に「ありがとう」の言葉を捧げたいと思います。

6月29日　今日、１歳の誕生日を迎えた次女を抱きながら　中野 崇

著者略歴

中野 崇（なかの・たかし）

文系なのにデータを活用してビジネスを成功させている経営者／2児の父

早稲田大学教育学部教育心理学専修卒。データビジネスに15年以上携わり、電通マクロミルインサイトの代表取締役社長、マクロミルのマーケティング・商品開発の執行役員などを歴任。データ活用を軸にクライアントのビジネスの成功を推進。現在はZoku Zoku Consultingの代表として、ユーザーインサイト起点の新規事業企画や、データドリブンな組織開発・PDCAの仕組みづくりのコンサルティングを提供。Udemyで公開中のデータ分析の基本講座の受講者数は20,000人以上。大学の専攻は教育心理学で超文系人間だが、自身のビジネスパフォーマンスを支えているのは、文系なのにデータに強いことだと認識し、そのノウハウを多くのビジネスパーソンへ届けている。

動画講座は「ユーザーインサイトから始めるDX新規事業の超基本」「今日から始めるデータ分析の超基本」「仮説思考力の高め方」「自分らしいキャリアデザインのはじめ方」（いずれもUdemy）など。一連の情報発信を通して、ビジネスパーソンの基礎スキル向上や豊かなキャリア構築支援に努めている。

主な著書に『多彩なタレントを束ね、プロジェクトを成功に導く　ビジネスプロデューサーの仕事』（すばる舎）、『いちばんやさしいマーケティングの教本』（インプレス）など。

※感想などはtwitterで@takashimanzoku2までお寄せください。フォロー大歓迎です！

いますぐ問題解決したくなる

13歳からのデータ活用大全

2023年9月4日　第１版第１刷発行

著　者　中野　崇

発行者　永田貴之

発行所　株式会社ＰＨＰ研究所

東京本部　〒135-8137　江東区豊洲5-6-52

ビジネス・教養出版部　☎03-3520-9619（編集）

普及部　☎03-3520-9630（販売）

京都本部　〒601-8411　京都市南区西九条北ノ内町11

PHP INTERFACE　https://www.php.co.jp/

印刷所　株式会社精興社

製本所　株式会社大進堂

ISBN 978-4-569-85523-3